プログラミング入門講座

基本と思考法と重要事項がきちんと学べる授業

米田昌悟 著

The best way to learn Computer Programming.

SB Creative

プログラミングの基礎知識は
近い将来、必ず役立つスキルになる

Hour of Code

「President Obama asks America to learn computer science」

https://www.youtube.com/watch?v=6XvmhE1J9PY

“

新しいビデオゲームを買うだけでなく、自ら作りましょう。
最新のアプリをダウンロードするだけでなく、設計してみましょう。
それらをただ遊ぶだけではなく、プログラムしてみましょう。(中略)
あなたが、誰であっても、どこに住んでいてもコンピューターはあなたの将来において重要な役割を占めます。あなたがもし勉強を頑張れば、あなたの手で未来を創り出すことができるでしょう。

”

——アメリカ大統領 バラク・オバマ

「スティーブ・ジョブズ 1995 ～失われたインタビュー～」

HAPPINET CORPORATION

ASIN:B00GQ56ODU

“

アメリカ人は全員コンピュータのプログラミングを学ぶべきだと思うね。なぜなら、コンピュータ言語を学ぶことによって「考え方」を学ぶことができるからだ。ロースクールに行くようなものだよ。全員が弁護士になるべきだとはいわないけれど、現実にロースクールに通うことは人生に役立つはずだ。一定の方法で物事の考え方を学べるからね。

”

——— Apple 社創業者 スティーブ・ジョブズ

Code.org

「What Most Schools Don't Teach」

https://www.youtube.com/watch?v=nKIu9yen5nc

“

プログラミングの勉強をはじめたのは、コンピュータサイエンスのすべてを知りたいとか、原則をマスターしようとか、そういうことではまったくありませんでした。ただ、やりたいことがひとつあって、自分と自分の妹たちが楽しめるものを作りたいと思っていたんです。（中略）

大学の寮の部屋で何かをはじめることができる。大きい会社なんて作ったことがない友達と集まって、何億という人が日常生活の一部として使うものを作る。想像するだけですごいことです。

ちょっと怖いけれど、素晴らしいんです。

”

―― Facebook 社創業者 マーク・ザッカーバーグ

本書に関するお問い合わせ

この度は小社書籍をご購入いただき誠にありがとうございます。小社では本書の内容に関するご質問を受け付けております。本書を読み進めていただきます中でご不明な箇所がございましたらお問い合わせください。なお、お問い合わせに関しましては以下のガイドラインを設けております。恐れ入りますが、ご質問の際は最初に下記ガイドラインをご確認ください。

ご質問の前に

小社 Webサイトで「正誤表」をご確認ください。最新の正誤情報を下記の Webページに掲載しております。

本書サポートページ	http://isbn.sbcr.jp/83102/

上記ページの「正誤情報」のリンクをクリックしてください。なお、正誤情報がない場合、リンクをクリックすることはできません。

ご質問の際の注意点

・ご質問はメール、または郵便など、必ず文書にてお願いいたします。お電話では承っておりません。

・ご質問は本書の記述に関することのみとさせていただいております。従いまして、○○ページの○○行目というように記述箇所をはっきりお書き添えください。記述箇所が明記されていない場合、ご質問を承れないことがございます。

・小社出版物の著作権は著者に帰属いたします。従いまして、ご質問に関する回答も基本的に著者に確認の上回答いたしております。これに伴い返信は数日ないしそれ以上かかる場合がございます。あらかじめご了承ください。

ご質問送付先

ご質問については下記のいずれかの方法をご利用ください。

Webページより

上記のサポートページ内にある「この商品に関する問い合わせはこちら」をクリックすると、メールフォームが開きます。要綱に従ってご質問をご記入の上、送信ボタンを押してください。

郵送

郵送の場合は下記までお願いいたします。

〒106-0032
東京都港区六本木2-4-5
SBクリエイティブ　読者サポート係

はじめに
～最初に知っておいてほしい、とても大切なこと～

本書を手にとっている人の多くは、次のような人ではないでしょうか。

- できるだけ効率良くプログラミングを習得したい人
- 昨今、巷で話題の「プログラミング・スキルの必要性」や「子ども向けのプログラミング教育」に多少興味がある人
- プログラミングに興味はあるが、そもそも学び方がよくわからない人

そのような人は、もう少しだけ本書を読み進めてみてください。必ず本書がお役に立てると思います。

最初にお伝えしたいこと

みなさんに最初にお伝えしたいことが2つあります。1つは、

- プログラミングの基本スキルは、みなさんやその次の世代（現在の子ども世代）にとっては必要不可欠なスキルになる

ということ、そしてもう1つは、

- この必須のスキルは、少し学べばすべての人が必ず習得できる

ということです。この2つのことをまずは覚えておいてください。そのうえで、ぜひ楽しみながら、この強力なスキルを身につけてください。本書の役割はそのお手伝いをすることです。

テクノロジーの進化はもはや誰にも止めることはできません。WIRED誌の創刊編集長で著述家のケヴィン・ケリー氏はこの流れを「Inevitable（不可避）」と表現しました。IoT、人工知能、ビッグデータ解析、ロボット工学など、新しいテクノロジーは日々、みなさんの生活の重要な部分

に変化をもたらしています。

そのような時代の中で私たちにできることは、日々進化し続けるテクノロジーとどのように付き合っていくかを選択することです。使われる側になるのか、使う側になるのか、創る側になるのかは、みなさんの選択次第です。「使われる側」以外の選択肢を選ぶのであれば、プログラミングの基本スキルは必須といえます。

本書の対象読者

「入門書」や「初心者」という表現はあいまいです。入門書と書いてあるのに内容が難しい本も少なくありませんし、「初心者向き」と書いてあるのに多くの前提知識を求める本もたくさんあります。

そして、その結果「思っていた内容と違った」ということになることもそれなりにあると思います。このような状況は筆者にとってもできるだけ避けたい状況です。ですので、みなさんにとってこの本がミスマッチとならないよう、最初にきちんと対象読者を示させてください。

本書の対象読者は次のような方々です。

- 完全な未経験者だが、できるだけ効率良く、きちんとプログラミングを習得したい人
- プログラミングに興味はあるが、そもそもの「学び方」がよくわからない人
- 社会人の一般教養として「プログラミングの基本」を身につけておきたい人
- 子どものプログラミング教育に興味のある人

上記のような方々にとって、本書は適していると思います。ぜひ興味の向くままに読み進めてみてください。本書1冊だけで、上記すべての人の要望を完璧に満たすことはできませんが、その答えを導くための入口までは、お連れできると思います。

なお前提として、筆者自身は、**みなさんやその次の世代の子どもたちがプログラミングを学ぶことに大賛成**です。なぜなら、プログラミングの基礎を習得することに多くのメリットがあるからです。

詳しくは後述しますが、「アイデアを形にできる」「エンジニアとしてさまざまな仕事ができる」「グローバルに仕事ができる」といった、プログラミングスキルを身につけることによる**直接的な効能**のみならず、プログラミングの基礎を学ぶことによって、**論理的思考力（ロジカルシンキング）の強化**や**問題解決力の向上**、**基本的なITリテラシの習得**といった、多くの面で良い結果が得られます。

私たちは、もはやITから完全に離れて生活することはほぼ不可能な状況ですので、ぜひ本書を読み進めていただき、プログラミングの基礎を学ぶ方法を身につけ、そして実践してみてください。

「学び方（学習メソッド）」はもの凄く進化している！

なお、上記のとおり、筆者はプログラミングの学習そのものには大賛成ですが、**旧来の学習方法（難しく分厚いプログラミング言語の解説書をひたすら読み、後は実践あるのみの独学勉強法）には大反対**です。この方法では、コンピュータが余程好きか、ITの才能があるか、または相当の努力家でないと習得する前に挫折すると思います。

詳しくは本書で紹介していきますが、脳科学や認知科学、学習科学は日々進化しており、世界中で、より効率的かつ効果的な学習方法が研究されています。その対象は、プログラミングの学習にも当てはまります。そして今では、**誰もが楽しく、遊ぶような感覚でプログラミングの基礎を習得できるようになりつつあります。**

筆者も含め、すでに努力と気合の学習環境でプログラミングを習得してしまった人は、それはそれで構わないのですが、これから学びはじめるのでしたら、ぜひ最先端の研究結果が反映された、効率的で効果的な方法で学習をはじめてください。世の中には**無料で使える学習ツール**もたくさんあります(本書でも多数紹介します)。

なお、「**プログラミングは理系のもの**」と考えている人も少なくないと思いますが、プログラミングの基礎の習得には、文系・理系はまったく関係ありません。男女の差も、職種も業種も関係ありません。小学生以上であれば、年齢もそれほど関係ありません。小学生でiPhoneアプリを制作して世界に向けて販売している少年もいれば、70代から学びはじめた人もいます。誰もが取り組めますし、必ず習得できます。

本書の読み方　～最も効率良く学習するために～

本書は、掲載内容の特性上、**「この本を読むだけ」では十分な学習効果や知識を得ることはできません。本書で紹介している、学習サービスや教育アプリなどを使って、実際に手を動かして体験し、学ぶことが何よりも大切です**。多くの学習サービスや教育アプリは無料で使えるので安心してください。

また、無料だからといって侮ってはいけません。とても良くできたものばかりを厳選して紹介していますし、未経験の方でも操作できるよう、「**学習のはじめ方**」については丁寧に解説を加えています。ですので、効率良く学習を進められると思います。上記にもあるように、最新の教育メソッドでは**誰もが楽しみながら学習を進められます**。そのことをぜひ体験していただければと願っています。

本書の大きな役割の1つは、優れた学習サービスや教材アプリを紹介し、最先端の「**学び方**」をお伝えすることで、みなさんのプログラミング学習をサポートすることです。

ところで、プログラミングのスキルは本当に必要か

一方で、そもそもみなさんにとって本当にプログラミングのスキルが必要であるのかをきちんと検討することも大切です。マスメディアの情報に流されて必要もないのに大切な時間を使う必要はありません。きち

んと事前に判断することが大事です。

ここ数年で急速に、社会人の一般教養として「**プログラミング・スキル**」が求められるようになりました。テレビや雑誌の特集でプログラミング関連の放送や記事を見た人も多いのではないでしょうか。そこでは、

- これからは読み・書き・プログラミングの３能力が必要になる
- 英語よりも、プログラミングのほうが大切なのではないか

といった、少々大仰なものから、

- プログラミングを学ぶと、論理的思考力が鍛えられる
- プログラミングがわかると、仕事の作業効率が数十倍も高まる
- 独創的なアイデアをパソコン１台で形にでき、しかもそれを世界に向けて発信できる

といった、ビジネスシーンで実利のある効用まで、さまざまな意見が語られています。

こういった現状を踏まえ、本書では「プログラミング界隈」のことを、世界中の動向を見ながら解説をはじめていきます。ですので、これらの現状を見定めながら、みなさん自身で、プログラミング・スキルを学ぶべきか否かを判断していただければと思います。

なお、本書ではプログラミングに関して、「**一般教養として最低限身につけておいたほうが良いであろうプログラミングの基礎力を学ぶ方法**」と「**実務で活用できるレベルのしっかりとしたプログラミング・スキルを身につける方法**」の両方を取り上げます。

これらのうちのどちらに興味があるのか、また注力したいのか、現時点では決めかねている人もいるかもしれません。そういった方々も含め、いっしょに現在のプログラミング教育やプログラミング・スキルの必要性について見ていきながら、実際にプログラミングを学んでいきましょう。

Contents

Part 3

「プログラミング」の全体像を理解する 145

Contents

Part 1

新しいスキルを獲得しよう！

Getting started.

Chapter 01

プログラミング・スキルの想像以上の価値

The value of programming skills.

Chapter 01

Section

01 高まる「プログラミング・スキル」の価値

一昔前は、余暇に自宅でプログラミングを嗜（たしな）む人は「オタク」などと揶揄（やゆ）されていた時代もありました。しかし時が経った今では「**プログラミングができる**」ということが**価値の高いスキル**の１つとして、世界中のビジネスシーンで求められるようになりました。このことをいくつかの側面から見ていきましょう。

今、プログラミング・スキルが求められる理由

１つめの側面は、プログラミングを学ぶことのメリットです。基礎的なプログラミングを学ぶことによるメリットは、エンジニアやプログラマーに限ったことではなく、職種や業種に関わらず有効であることが、さまざまな研究結果から判明しています。

具体的な内容やメリットについては後述しますが、プログラミングを学ぶ過程では、コンピュータへの命令の出し方やコンピュータの仕組みなどを学びます。これらは、現代では避けて通ることのできない**コンピュータの基礎知識の習得**に役立ちますし、**論理的思考法（ロジカルシンキング）の習得**にも役立ちます。

また、コンピュータはプログラムされていることは正確に実行しますが、半面、それ以外のことは何１つしてくれません。もし思い通りにいかないことがあるならば、その原因はすべてこちら側にあります。そのため、１つ１つ課題を設定し、それをクリアしていく必要があります。この学習過程は、さまざまなビジネスシーンで役立つ「**問題解決能力の向上**」につながります。

ですので、エンジニアになりたい人はもちろんのこと、**「私はエンジニアになりたいわけではないからプログラミングなんて関係ない」「別に子どもをプログラマーにしたいわけではない」**と思っている人にもぜひプログラミング・スキルを身につけてほしいです。基本を学ぶだけで実に多くのメリットを得ることができます。

これは他の分野にもいえることです。例えば、料理や運動をすることが、業種や職種に関わらず、あらゆる仕事のパフォーマンス向上に良い影響を与えることを多くの人は知っています。だからこそ、仕事のできるビジネスエリートの多くは、週に何度か自分自身で料理を作ったり、定期的に運動して体と脳のコンディションを整えています。プログラミングを学ぶことにも、これらと同様に、みなさんにとってさまざまなメリットがあるのです。

また、国語を学んだ人すべてが作家になったり、数学を学んだ人すべてが数学者の道に進むわけではありません。ですので、あまり構えずに、新しい知識の１つとして、プログラミングを学ぶことからはじめてもらえればと思っています。

● プログラミング・スキルは人生を豊かにするスキルの１つ

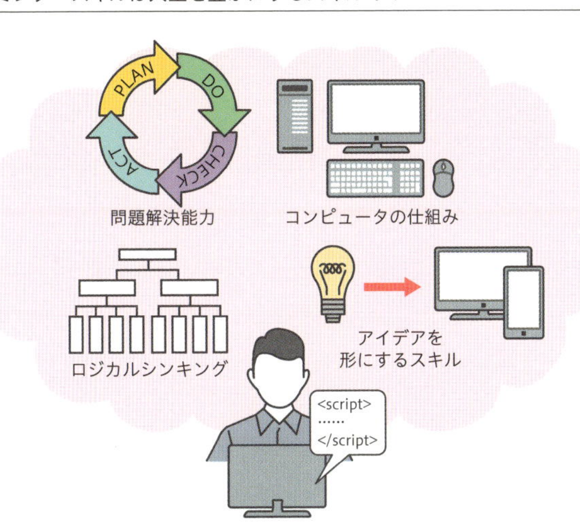

ほんの数年前までは、プログラミングは一部のエンジニアやデベロッパーに必要なスキルであって、その他の、例えば営業職や事務職、サービス業種の各職、マネジャーなどには関係のないものと思われていました。日々の業務でパソコンは使うけれども、使うソフトはあらかじめ用意されているし、仕事に必要な最低限の手順は理解している。そういった人が大半なのかもしれません。

また同時に、コンピュータは複雑で、内部で行われている処理など何もわからない。プロが作ったソフトウェアを使いこなすので精いっぱい。プログラミングに対してそのような印象を持っている人も多いのかもしれません。

しかし、時代は変わろうとしています。求められる習熟度の程度の差はもちろんありますが、ある程度の知識に関しては、**すべての人にプログラミングの基礎スキルが必要になる時代**が到来する日もそれほど遠くないと思います。

エンジニアが世界規模で求められている

プログラミング・スキルが世界的に求められているもう1つの側面は、上記よりも直接的な理由になりますが、「**深刻なエンジニア不足**」です。現在、世界規模でスキルの高いエンジニアが圧倒的に不足しています。

IT化の波は生活のあらゆるシーンに押し寄せており、製品だけでなく、サービスにもITが活用されています。ITから完全に離れて生活することは、もはや不可能といっても過言ではないでしょう。インターネットは日々の生活を支えていますし、直接的には見えづらいさまざまなインフラ（電車や電気・ガス・水道など）もITで制御されています。自動車も今ではコンピュータの塊です。

今後、ITがなくなることは絶対にありません。それどころか増える一方です。昨今注目されている「**IoT**」（Internet of Things：モノのインターネット）も普及の一途をたどっています。

下図を見てください。世界時価総額 TOP100社の内、12社がテクノロジー関連の会社であり、金融に次ぐ市場規模になっています。

● 世界時価総額 TOP100 社の業種別

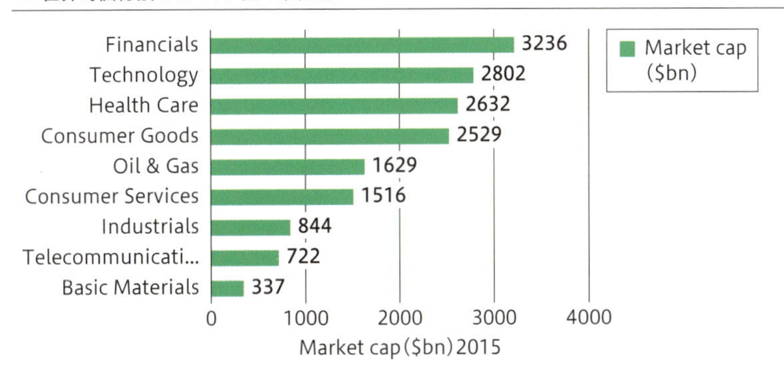

参考出所 PwC ／ Global Top 100 Companies by market capitalisation

また、対 2009 年比の時価総額成長率では、テクノロジー部門が最大となっています。

● 業種別の市場規模成長率比較

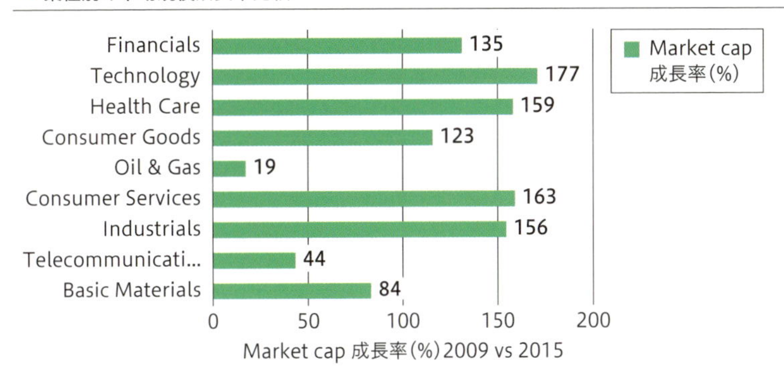

参考出所 PwC ／ Global Top 100 Companies by market capitalisation

これらのことからも、テクノロジー関連企業が今後も伸びる産業であり、かつ必要とされる産業であることがわかると思います。

それにも関わらず、これまでの教育環境が不十分であったために、慢性的なエンジニア不足が続いています。需要ばかりが増えて、供給（エンジニアの養成・教育）が追いついていない状況です。日本のエンジニア不足は他国よりも深刻かもしれません。そのため、「**プログラミングができる**」ということが価値の高いスキルの１つとなっているのです。

不足しているという話は、裏を返せば「**プログラミングができる人の需要が非常に高い**」ということです。ある程度しっかりとしたプログラミング・スキルを身につけておけば、さまざまな面で役立つ、「**あなたの価値**」の１つになります。

一定レベル以上のプログラミング・スキルを身につければ、引く手あまたで、世界中の企業があなたを欲しがる状況です。職に困ることはなくなります。実際、筆者のもとには「**就職・転職のために、資格試験の合格よりも、実践的なプログラミングのスキルを身につけたい**」という人が急増しています。

ですから、もしみなさんが「エンジニアになって世界を相手に活躍したい」という人であれば、「今」という時代はまさにあなたに向いているいる時代であるといえます。

一方で、もしみなさんが「今すぐエンジニアになりたい！」という人でない場合であっても、このようなスキルを身につけておくことは、長い人生を円滑に過ごしていくうえで決してデメリットにはならないと思ます。

COLUMN

プログラミングのスキルは世界共通

英語と同様に、プログラミングのスキルは世界共通です。日本国内はもとより、世界中で使えます。本書で基本的なプログラミングの感覚を掴んでいただいたうえで、もしさらに学習を進めたならば、きっとこのことを実感するときがくると思います。プログラミングに国境はありません。

実際に、現在のIT業界では、世界中のエンジニアが各国に居ながらにして、1つのプロダクト（ソフトウェアやサービス）を共同で作っています。そのようなことができる環境はすでに用意されています。ですので、基本的なプログラミング・スキルを身につけた後は、その世界に足を踏み入れていき、またそこでさらにスキルを磨いていくことが可能です。

また、プログラミングのスキルは価値のある「能力」なので、病気や介護、出産・子育てといった何らかの理由で一時的に離職した場合でも、スキルがあればすぐに復職できます。独立して自宅で作業することも可能です。

このような話をすると「夢物語のようですね」「それはごく一部の超優秀な人の話でしょう」「そんなうまい話はないよ」と訝（いぶか）しがる人も多いと思います。確かにこの話は「そんなに甘い話」ではありません。しかしその一方で「それほど夢のような話」でもないのです。プログラミング・スキルをある程度身につければ実際に実現できます。すでに実現している人もたくさんいます。

プログラミング・スキルを手に入れることで可能になる働き方・暮らし方は、もしかしたら今現在みなさんが想像している以上に多様化しているのかもしれません。高齢化の進む日本では、仕事のみではなく、仕事と介護、仕事と育児など、仕事＋○○な世の中になってきています。そのような人にとって、プログラミング教育を活かした、ITの在宅業務に就くことができれば、時間と場所の拘束性が少なくなり、仕事を続けられると考えられています。労働人口を安定して確保することは、国家としても重要な要素の1つです。

Chapter 01
Section

02 プログラミング・スキルの必要性

昨今、急速にプログラミング・スキルの必要性が叫ばれるようになってきた背景には、先述したような、ビジネスシーンへ活用できる点や深刻なエンジニア不足などがありますが、それらに加えて、もう少し先の未来を見据えた場合に想像され得る世の中の変化に私たちが対応するためのスキルとしての必要性、および、プログラミング・スキルを身につけておくことによるメリットなども存在します。

ここではそういった少し先の未来を見据えた場合の、プログラミングスキルの必要性とメリットを紹介します。**非現実的で大袈裟に感じる話**もあるかもしれませんが、一方で、十分に予測可能な話でもあります。5年後、10年後、20年後を楽しく生き抜くためには、プログラミング・スキルの獲得は避けては通れないのかもしれません。

既存の産業（仕事）の形態がどんどん変わっていく

プログラミング・スキルが求められる1つめの理由として、**働き方がこれからどんどん変わっていくこと**が挙げられます。「ワークシフト」という言葉を聞いたことがある人も多いと思いますが、米デューク大学の研究者キャシー・デビッドソン氏はニューヨークタイムズ紙の取材に対して「**2011年度にアメリカの小学校に入学した子どもたちの65%は、大学卒業時に今は存在していない職業に就くだろう**」と発言しています[*1]。

つまりはおおよそ10年後のことをいっているのですが、10年後に

*1　「Education Needs a Digital-Age Upgrade」（http://opinionator.blogs.nytimes.com/2011/08/07/education-needs-a-digital-age-upgrade/）

65%もの人が“**今は存在していない職業**”に就くというのは驚きです。

しかしその一方で、現在大人の私たち自身も、自分たちが子どものときには聞いたことも、イメージしたこともなかった仕事、例えば「ソーシャルメディアプランナー」「Webマーケッター」「データサイエンティスト」などの仕事に就いている人が多数存在することを思えば、あながち起こり得ない未来でもないと思います。

そして、これからの10年間に起こる変化は、私たちがこれまでに体験してきた10年間の変化よりも、さらに大きなものになることは容易に想像できます。ですので、この問題は小・中学生に限ったことではない点に注意してください。現時点で50代以下の人は10年後もまだバリバリの現役です。この変化を自分のこととして捉えて考えることが必要です。

待ったなしのデジタル革命

アクセンチュア社の調査によると、世界のGDPのうち5分の1強(22%)は、デジタル分野のスキルや資産から構成される「デジタルエコノミー」と関連があるとされています。そして、この分野を最大限活用することができれば、2020年までに25%の2兆ドルへ成長すると見込まれています[*2]。

その起爆剤の1つとなり得るのが、昨今話題になることが増えている「**人工知能**」の発展です。例えば、現在は人間が自動車を運転し、操作することは当たり前だと思われていますが、15年後には、人間はただ自動車の中に座っているだけでよくて、基本的な運転は自動車がすべてオートメーションで対応することが当たり前になっているかもしれません。そうなると「自動車は人間が動かすもの」という当たり前の概念も

*2 「デジタル時代の創造的破壊：成長の拡大」(https://www.accenture.com/jp-ja/insight-digital-disruption-growth-multiplier)

変わってきます。

このような社会での人間の仕事は、自動運転システムの設計と開発(＝プログラミング)になってくるでしょう。

自動車の例からもわかるように、今ある既存の産業やサービスは、今後ますますソフトウェア化が進んでいきます。自動車メーカーや物流だからITは関係ないと考えていては、すぐにIT化の波に飲まれてしまいます。音楽業界やレンタルビデオ業界のビジネスモデルをあっという間に変えたAppleのiPodやiTunesを思い出してください。CDや映画のDVDは売れなくなり、インターネットを通じて、いつでもどこでも音楽や映画がレンタルできる時代になりました。

最近の事例では、自動車配車サービスを展開する「**Uber**」[＊3]はタクシー業界の常識を変えようとしており、宿泊施設の仲介サービスを展開する「**Airbnb**」[＊4]はホテル業界の常識を変えようとしています。みなさんは「**Uberization（ウーバー症候群）**」という言葉をご存知でしょうか。Uberはスマートフォンを使った配車サービスを運営する米国のスタートアップ企業なのですが、IBMが世界70か国、5,200人を超える世界の経営者に対して実施した調査によると、世界中の経営者がこの現象を恐れているといいます[＊5]。

ただし、経営者が恐れているのは、Uberそのものではなく、**Uberのような新興企業が、新しいアイデアとテクノロジーを使うことで、まったく新しい仕組みを作り、その結果、従来の競争のルールを完全に変えてしまうことに対して恐れているのだ**と報告しています。

これからは、どのような産業、どのようなサービスであってもITの

＊3　https://www.uber.com/
＊4　https://www.airbnb.jp/
＊5　「IBM グローバル経営層スタディ」（http://www-935.ibm.com/services/jp/ja/c-suite/）

基礎知識（IT リテラシ）やプログラミング・スキルが求められます。だからこそ、**日本でも現在「プログラミングの義務教育化」が 2020 年度に向けて検討されているのです。**義務教育では、特定の産業や業界を優位にするような知識や、特定の産業でしか役に立たないようなスキルは教えません。あらゆる産業、サービスに必要であり、かつ汎用的に使えるスキルとして考えられるものしか対象に含まれません。**IT やプログラミングが義務教育化されるということは、IT やプログラミングがそういった汎用性の高いスキルとして認知されているということです。**

大きな影響力をもって世界を変えるには IT が必要

２つめの理由は「**大きな影響力をもって世界を良くする、変えていくためには IT が必要**」だからです。Microsoft の Windows や Office、Google のサービスをイメージしていただくとわかりやすいのですが、かつて１つのサービスを数十億人という膨大な数の人々が使用した過去があったでしょうか。IT 産業以外では恐らく存在しなかったと思います。Microsoft はコンピュータを身近にし、Google はインターネットの利便性を劇的に変えました。

このことからも、大きな影響力をもって世界を迅速に変革していくためには、何億人という単位の人々にサービスを提供できる、IT の力が必要になります。

当然、全員が Microsoft や Google のような会社を作れるわけではありませんし、その必要もありません。しかしその一方で「IT やプログラミングが持っている力」がどのようなものであるのかは、きちんと理解しておくべきです。

新しい価値を生み出せる人へ

最後にお伝えしておきたいことは「**変化する既存の産業や社会の変化に**

対応できるように、人間自身も変わっていかなければならない」ということです。

アメリカの起業家であり、Tesla Moters の CEO でもあるイーロン・マスクの事業にはある共通点があります。それは、**今は存在しない価値観やルールでものごとを考え、課題を解決しようとしていること**です。

今、求められている人材の１つは、既存の競争社会を勝ち抜くためのノウハウを持った人ではなく、**新しい価値やルールを生み出せる人**です。これまでと同様の競争社会を続けるならば、今後も小さなパイを数億人で取り合うことになってしまいます。

そうではなく、新しいパイを発明したり、既存のビジネスとはまったく次元の異なる世界を作り出したり、地球にとって必要なものを、必要なカタチで生み出していくことのできる人材が必要な時代が到来していると感じています。

話が少し壮大になりすぎてしまいましたが、現実に求められていることでもありますので、１つの側面として心のどこかに留めておいていただけると嬉しいです。

プログラミング・スキルは、**目の前のビジネスに直接的に役立つ技術**であると同時に、広く・長い視点で見れば、**自分自身のものの見方を変えてくれるきっかけ**にもなり得ます。プログラミング・スキルを手に入れることで、それまでには思いもつかなかった発想が生まれることもあります。

アイデアはたくさんあるけれど実行できていない人や、妄想したり、面白いことを考えるのが好きな人は、プログラミングに向いています。ぜひ学んでほしいです。みなさんが頭の中でイメージしていることを、見える・触れるような“カタチ”に変えることができるスキル、それがプログラミングだと思います。

プログラミングを学べば、目の前の課題の本質を見つけることができ、そして具体的にやるべきことが見えてくるはずです。

COLUMN

コンドラチェフの波

下図は「**コンドラチェフの波**」と呼ばれるものです。ロシアの経済学者コンドラチェフによると、ある分野で画期的な新技術が開発された場合、それに関連した産業が出現し、さまざまな製品が開発され一大好況が出現するが、そうした新しい産業もいつかは飽和状態となり、製品も売れなくなってゆき、新たな技術革新まで景気の低迷が続くことになると提唱しています。また、その周期はおおよそ 50 年であり、産業革命以降、現在までに 4 つの波があったといっています。

● コンドラチェフの波

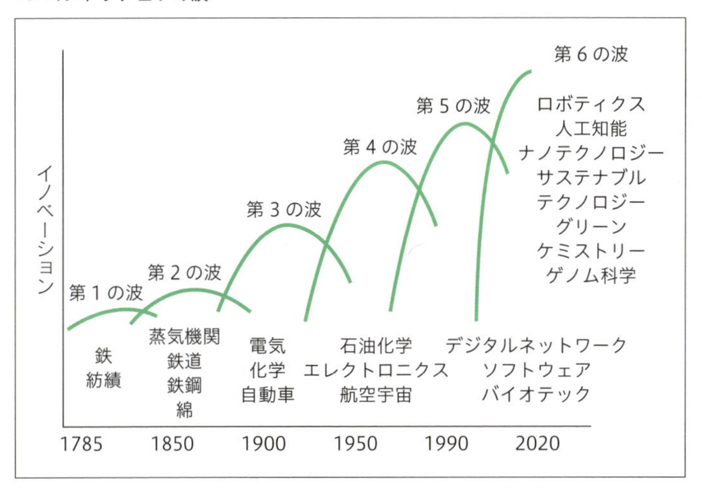

参考出所 The Natural Edge Project:Bain Consulting, Michael Porter (Harvard Business School)

しかし実際は、鉄鋼業のイノベーションには 100 年かかり、自動車に関しても 1920 年頃に車が開発されてからハイブリッドカーが出現するまでに約 80 年かかっています。そのようななか、インターネット技術の発展はすさまじく、Amazon や Google が現れてから数年で、私たちの生活は一変しました。テクノロジーの進化はこれまでとは比べ物にならないほど飛躍的に加速しているのです。そして、これから起こりうるデジタル革新としては、IoT、人工知能、ロボティクス、ビッグデータなどが注目されています。

Section 03 プログラミングを学ぶことの5つのメリット

前項に続き、ここではプログラミングを学ぶことのメリットを紹介します。プログラミングを学ぶことの直接的なメリットは「**プログラミングすることによって新しいソフトウェアやアプリケーションを制作できる**」というものですが、それだけではありません。

先にも少し触れましたが、プログラミングの基礎を学ぶと、**論理的思考力(ロジカルシンキング)や問題解決力などが向上する**ことがわかっています。**ITリテラシの向上**も大きなメリットの1つでしょう。これらのスキルはエンジニアに限ったものではなく、子どもから大人まで、広く一般的に身につけておくべき「基本スキル」です。

新しい「考え方」を習得できる

Appleの創業者スティーブ・ジョブズは、プログラミングを学ぶことの重要性について、次のように語っています。

> アメリカ人は全員コンピュータのプログラミングを学ぶべきだと思うね。なぜなら、コンピュータ言語を学ぶことによって考え方を学ぶことができるからだ。ロースクールに行くようなものだよ。全員が弁護士になるべきだとはいわないけれど、現実にロースクールに通うことは人生に役立つはずだ。一定の方法で物事の考え方を学べるからね。

実際、彼自身も「**プログラミングから"考え方"を学んだ**」と、Code.org(p.70)の動画の中でいっています。

世の中の仕組みを理解できる

ITがここまで普及した時代において、コンピューターの仕組みを理解していないことは、すなわち世の中の仕組みを理解できないことに直結します。現在では電気、水道、ガスはもちろんのこと、自動車や医療機器など、ほとんどのものがコンピューターによって管理・制御されており、ソフトウェアがないと世の中が動きません。そのソフトウェアを生み出すためのスキルである「プログラミング」は、世の中の仕組みを理解するうえで不可欠といっても過言ではないでしょう。

論理的思考力(ロジカルシンキング)の向上

全社会人に必須のビジネス基礎力の1つである**論理的思考力(ロジカルシンキング)**は、一般的には、頭の中で考えていることを紙に書いたり、相手の立場になって物事を考えることによって鍛えられるといわれています。論理的思考力(ロジカルシンキング)とは、端的にいえば「**物事を、道筋を立ててきちんと考える力**」です。この力はプログラミングを学習することで必然的に身につきます。

プログラミングとは、実作業においては「**小さい命令をいくつも組み合わせ、全体で何らかの目的を達成する作業**」です。そのため、プログラミングの学習を進めていくと必然的に、**論理を組み立てること**がトレーニングされ、そして論理的思考力の向上につながります。

例えば、紙の上に円を描いてほしい場合を想像してください。隣に座っている友人にこれを依頼する場合は、紙とペンを渡して「その用紙の上に円を描いてよ」といえば課題は解決します。

一方、コンピューターに依頼する場合はそうはいきません。人に依頼するときよりもさらに詳細に依頼内容を伝えていく必要があります。どの位置に？　サイズは？　形は？　色は？　何個？　といったように小さい命令を細かく出していくことが必要になります。

下図を見てください。下図は「**lightbot**」(p.73) というプログラミング教材を使ってプログラミングをしている途中の場面です。下図を見ると、小さなブロック(命令)の集合によって、プログラムが構成されていることがわかります[＊1]。

● lightbotによるプログラミングの例

このように、コンピューターを使って自身の頭にあるイメージを具体化するには「**どのように指示を出すのか**」「**どのように表現すればよいのか**」を考えながらアイデアを形にしていくことが求められます。そのため、プログラミングを学習する過程で**論理的思考力**や**表現力**が高まります。

参考までに、私たちがよくアプリやインターネットで行っている「ログイン」という作業を論理的思考力的に図表化してみます。すると次のようになります。

＊1　ここまでの解説だけではプログラミングの関係性がよくわからないかもしれません。本書後半では実際にlightbotを使ってプログラミングを学習する方法も説明するので、よくわからなかった人は今しばらくお待ちください。

● 「ログイン」の図式化（プログラムの処理）

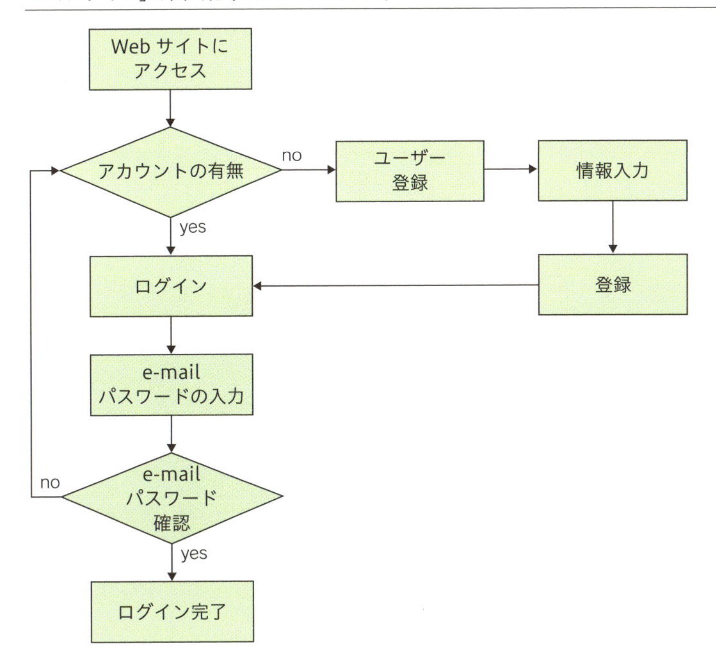

COLUMN

プログラミング教育と「9歳の壁」

昨今では、プログラミング教育が「9歳の壁」に対して役立つのではないか、と一部で議論されています。

「9歳の壁」とは、その名のとおり、9歳児、10歳児が直面する学業上の壁のことです。日本の義務教育では、小学校低学年までは「**具体的に目で見て確認したり、理解できる学習**」が中心ですが、小学3年生、4年生になると、例えば算数であれば「割り算」や「分数」「少数点以下の計算」といった、「**九九を応用して論理的に考えること**」が求められる計算が出てきます。その結果、3、4年生を境目に学習につまずく子どもが増えてきます。これが「9歳の壁」です。この壁に対して、ゲーム感覚で学ぶことができ、かつ論理的思考力を養えるプログラミング教育が役立つのではと期待されているのです。

問題解決力が身につく

プログラミングを学ぶと「**問題解決力が身につく**」とよくいわれます。なぜなら、何らかの問題や課題をコンピューターを使って解決するには、**あらゆることを正確に把握したうえで指示しなければならないから**です。

問題や課題の内容には大小ありますが、解決に至る工程(ルート)は概ね次のとおりでしょう。

問題の認識 → 情報収集・分析 → 方針の検討 → 実行

この工程に、行動力やコミュニケーション能力などが加わって高い問題解決力につながってきます。

プログラミングの作業工程には、上記の問題解決の工程と重なる部分が多くあります。そのため「**プログラミングを学ぶこと ＝ 問題解決をシミュレーションすること**」となり、継続的にプログラミング学習を繰り返すことによって問題解決力が向上していくのです。

一例として、小さい頃にノートの裏や校庭で遊んだ「○×ゲーム」を作ることを考えてみましょう。

● ○×ゲーム

まず、当たり前のことですが、○×ゲームを作るには○×ゲームのルールをきちんと理解しておくことが必要です。また、ゲーム内で必要なモノ（○印と×印、枠線など）を用意しなければなりませんし、ゲームの仕組みを考えることも必要です。そして、ゲーム全体を制御するプログラムが必要になります。プログラミングとは、これらすべてを考え、そして形にする作業といえます。

なお、実現方法は1つではありません。何通りもあります。答えが1つしかないのは受験勉強までです。こうした**“考える作業”**を繰り返すことで、**問題解決力が継続的に向上していきます。**

下図はプログラミング学習サービスとして有名な「**Scratch**」（p.113）を使って実際に○×ゲームを作ったときの図です。一見すると複雑に見えるかもしれませんが、本書を読み終える頃にはこのゲームのプログラミングは理解できるようになっているので楽しみにしておいてください。

●「Scratch」による○×ゲームの制作

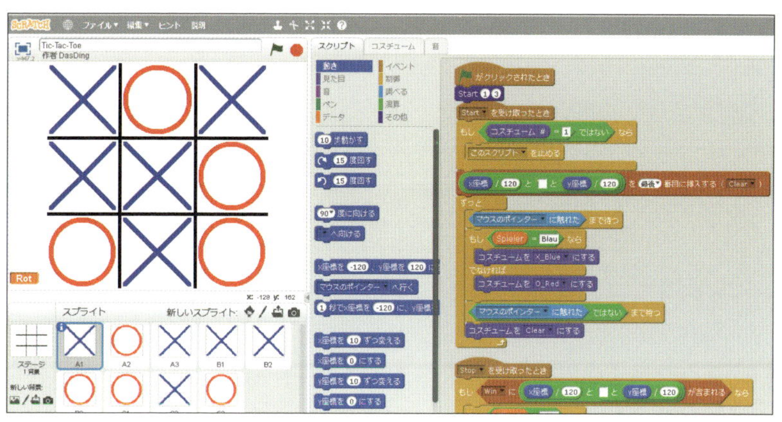

ちなみに「プログラミング」というと、コード（複雑な文字列）を書くイメージが強いのですが、実際には「**問題を解決するための仮説作り**」や「**より良く実現するための仕組み作り**」「**矛盾しないためのルール設定**」といっ

た**“実現するための方法”**を考える時間のほうが圧倒的に長いです。コードを書くのは本当に最後の最後です。

アイデアを実際の形にできる

日本を代表するソフトウェア技術者の一人であり、プログラミング言語「Ruby（ルビィ）」の設計者でもある、まつもとゆきひろ氏は「**プログラミングはコンピュータへの翻訳作業ではなく、自身のアイデアを表現するもの**」と述べています[*2]。

アイデアをプログラムへ落とし込むことで、思考が整理され、さらにルールさえ作ってしまえば、コンピューターが自分の代わりに作業をしてくれるなど、自身の力を何倍にも拡張できるのが、プログラミングを学ぶことの最大のメリットの１つといってもいいでしょう。

プログラミングを学ぶというのは、100年前にはありえなかった次の3番目の方法を使える時代になったということです。

1. 自分でやる
2. 人にやってもらう
3. コンピューターにやらせる

自分でプログラミングしない人（他人の作ったソフトウェアを使うだけの人）は、**誰かが決めたルールや、誰かが決めた仕組みの中でしか作業したり、遊んだりすることしかできません**。一方、プログラミングを学べば、その世界（ソフトウェア）のルールや仕組みを自分で決められます。

ちなみに、アイデアとプログラミングの素養があれば、ソフトウェアやサービスのすべてを自分一人で作る必要はまったくありません。外部に依頼することも可能ですし、他者に協力を仰いでチームで開発するこ

＊2　角川アスキー総研主催のセミナー「なぜプログラミングが必要なのか」にて。

とも可能です。

大切なことは、**アイデアをプログラムへ落とし込む際の肝となる「考え方」や「実現方法」を、みなさん自身が“イメージできる状態”になること**です。プログラミングのスペシャリストは世界中にごまんといるのですから、これからプログラミングを学びはじめる人全員が、そういったスペシャリストを目指す必要はありません。ルールや仕組みを考えることのほうが何倍も楽しく、そしてやりがいのあることだと思います。

その他にも、プログラミングを学習することで、表現力やコミュニケーション能力、検索力(必要な情報をインターネットから探し出すスキル)など、今後を生きていくために必須となるさまざまなスキルを得ることが可能です。

COLUMN

プログラミングはあらゆる人の希望になり得る

日本は、世界的に見れば格差の少ない社会なので実感しづらいかもしれませんが、「プログラミング・スキル」は、世界中の多くの人にとっての「希望」である、という一面もあります。例えば、男女格差の大きい国や失業率の高い国で暮らす人、そういった人々にとってプログラミング・スキルは希望です。プログラミング・スキルを磨くことで、世界で活躍する可能性が生まれます。

プログラミングはインターネットにつながる環境さえあれば、後は本人次第でいくらでも学習を進めることができます。AIのソフト開発やドローンのアプリ開発も夢ではありません。無料で学べる学習環境や無料で利用できる開発キットも広くリリースされています。プログラミングは、他の分野と比べて学習における初期投資額が少ないという特徴があります。

Section
04 プログラミングの学習方法は劇的に進化している

プログラミングの学習メソッドと教育面に関する現状を簡単に解説します。

最新のプログラミング教育は大人にも有効

プログラミング教育の話題となると、新聞や雑誌が取り上げる対象の中心となるのは小学生や中学生であることが多いのですが、**その学習メソッドは、当然、大人に対しても有効です**。小学生や中学生にのみ有効であるようなものではありません。そして、その内容は日々進化しています。プログラミング・スキルを、より効率的に、より効果的に習得できるように、さまざまな研究が行われ、それが学習メソッドに反映されています。

ですので、実際にどのような教育が行われているかを知ること、および最新の学習メソッドで学ぶことは、大人も子どもも関係なく、「**はじめてプログラミングを学ぶ人**」すべてに有効です。この点はぜひ覚えておいてください。

小学生に交ざって授業を受けることにはさすがに抵抗があると思いますが、今では社会人向けのプログラミング習得セミナーや、無料で使えるオンライン学習サービスも多数あるので、安心してください。

社会人の一般教養としてプログラミング・スキルを習得したい人、プロのエンジニアを目指す学生、定年後の新しいチャレンジとしてプログラミングを習得したい人、それらすべての人にとって、最新のプログラミング教育は活用できます。

日本のプログラミング教育は出遅れている

プログラミングの教育面はどうでしょうか。世界に目を向けてみると、**イギリスやフィンランド、オーストラリアではすでにプログラミング科目が小学校から必修科目**になっています。お隣の韓国でも中学校から授業に取り入れられる見込みになっています。また、アメリカには実践的なプログラミング・スキルを学ぶことのできる学校が多数存在します。これほどまでに、世界中でプログラミング・スキルが求められているのです。

一方の日本はというと、近年までは、（パソコン部などを除き）小中学校でプログラミングを教えることは希有でしたし、高校でも「社会と情報」といった科目による一般常識程度、大学ですら理系の学部に進学しないとカリキュラムとしてプログラミングを学ぶ機会はあまりありませんでした。このような状況が、日本の「エンジニア不足」の大きな一因となっています。

そのため、国家プロジェクトとしてスキルのあるエンジニアを育てることが急務の課題として挙がってきており、日本でもいよいよ、**2020年から小学校でのプログラミング科目の義務教育化**が検討されはじめました。

このように、世界単位、かつ政府主導で「**プログラミング・スキルの養成**」が一大プロジェクトとして動きはじめています。

● 情報系学科の卒業生の人口比率（%）

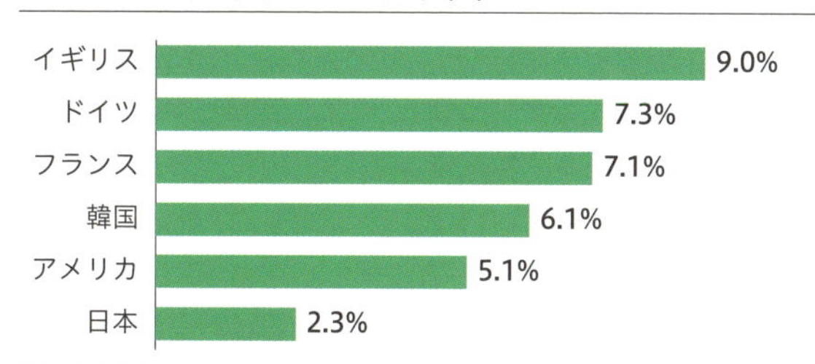

参考出所 「第6回 産業競争力会議」(http://www.kantei.go.jp/jp/singi/keizaisaisei/skkkaigi/dai6/siryou11.pdf)

プログラミングの学び方・教育方法はまだ研究段階

良いことばかりを書き連ねてもしかたがありませんので、もう1つの側面についてもお伝えします。

実際のところ、現在行われているプログラミングの学習メソッドや教育方法に関しては、現在もまだ試行錯誤は続いています。教育手法の成果は短期間で判断できないものも多いので、「**このように教えれば最適だ。完璧だ。**」といった、“100%の正解”はまだ存在しないともいえます。一般向けのプログラミング教育は、はじまって数年なので、受講の第一期生も現時点でまだ20代前半です。彼ら・彼女らが今後、受けてきたプログラミング教育の成果を発揮するまでにはもう数年必要かもしれません。そういった意味で、数学や国語、物理といった、歴史の長い学問よりも、学習メソッドに関する経験値が少ないのは事実です。

しかしその一方で、プログラミングに関しては、その必要性が非常に高いこともあり、**世界規模・数千万人単位でさまざまな実証実験や研究が行われているので、改善のスピードも驚異的に速く、徐々にその成果も表れはじめています**。例えば(身近な一例ではありますが)、筆者が所属する会社が運営しているプログラミング講習を受けた人のなかからも、アイデアを形にして起業し、資金調達に成功した人や、プログラミング未経験の営業職から大手IT企業のエンジニアへ転職した人など、成果を出している人も増えてきています。

なお、学習メソッドの内容に関しては、個々人の向き不向きもあるので、みなさんもまずは本書に掲載しているいくつかの方法を実際に試してみてください。具体的な方法は本書後半で詳しく解説します。

プログラミングは楽しい！

なお補足として、「プログラミング」と聞くと、パソコンのモニターをのぞき込み、暗号のような文字と数字を羅列して、コンピュータ制御しているシーンを想像する人も多いと思います。そして、「難しそう」「大変そう」「勉強は苦手」といったマイナスの感情を持つ人も少なくないと思います。しかしそれは、旧来の学習方法の印象が強いからだと思います。

近年注目されているプログラミングの学習環境は、こういったイメージとはまったく異なります。多くの小・中学校で行われている初期の学習では、文字や数字の羅列でコンピュータ制御するのではなく、ブロックを組み立てるようにしてプログラムする「**ビジュアル・プログラミング言語**」が採用されています。

下図はビジュアル・プログラミングの一例です。もしかしたら、みなさんが想像している「プログラミングの勉強」とはイメージが異なるのではないでしょうか。

● ビジュアル・プログラミング言語の例（Code.org）

実際、最先端の学習方法を取り入れているプログラミングの授業の風景を見ると、**老若男女問わず、ほぼ全世代の多くの人が、実に楽しそうにプログラミングを学んでいます**。そのような光景を見ると、プログラミング

はすでに「**一部のマニアックなコンピュータ好きがやること**」ではなくなっていることを痛感します。

ですので、ぜひとも、旧来の学習方法ではなく、**最先端の効率的な学習メソッド**で学習を進めてください。きっと楽しみながらプログラミングのスキルを身につけられると思います。

● プログラミング教育の風景

©Lucélia Ribeiro (https://www.flickr.com/photos/lupuca/8720604364)

Chapter 02

効率よく、確実に
プログラミング・スキルを
習得する方法

The best way to learn computer programming.

Section

01 「プログラミングを学ぶ」とはどういうことか

一口に「プログラミングを学ぶ」といった場合にも、その内容は実に多彩です。国や地域はもとより、学習者の年齢や嗜好、目的などによって、いろいろな学習方法があります。そのような、無数の学習方法が用意されているという状況は「あらゆるニーズに応えることができる」という意味では素晴らしいのですが、一方で、これから学習をはじめようとする人にとっては「**何から手をつけたらいいかわからない状況**」でもあります。

そこで、本項ではいったん原点に立ち返って、「**そもそもプログラミングとは何なのか**」、そして「**世の中にはどのような学習方法があるのか**」を俯瞰するところから解説をはじめていきます。

「プログラミング」の２大作業工程

本書は「**はじめてプログラミングを学ぶ人**」を対象とした、「**プログラミングの入門書**」です。ですので、本書をここまで読み進めてきた方の中には「プログラミング」が何であるかをご存知の方も多いと思いますが、ここで改めて「プログラミングとは何をすることか」を紹介させてください。

プログラミングの全体的な意味は読んで字のごとく「**プログラムを作ること**」ですが、もう少し細分化すると大きく、「**アイデア発案・設計**」と「**開発**」の２つの作業工程に分類できます。

アイデア発案・設計

- 実現したいアイデアを練る
- どのようなプロダクトやサービスを作るのかを考える
- そのアイデアをどのようにして実現するのかを考える
- 実現するための構成や構造などを考える
- 実際に作るための設計図・設計書を書き起す

開発

- 設計図や設計書を見ながら、プログラミング言語の文法にしたがってプログラム(コード)を書く
- 書いたプログラムがきちんと意図通りに動くかテストする

上記の関係は、建築士と工務店の関係に似ているかもしれません。建築士が「どのような建物を、どのようにして建てるのか」を考え(設計し)、実際に建物を建てるのは工務店、という関係です。

● 設計と開発

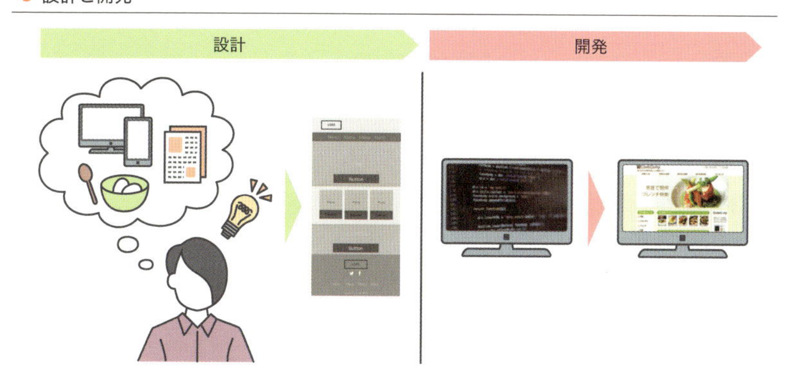

文法を学ぶのは後からで良い

上記の2つの作業工程は当然、車の両輪のように、両方ともとても大切です。そのため、個人で学習を進めていく場合は、アイデアを考え、必要な機能を整理し、それをコードに変換していく一連の流れを経験することが必要となります。

旧来のプログラミング教育の最大の難点は、**アイデアを考えたり、それを実現するための仕組みを検討することよりも先に、開発時に必要な「特定のプログラミング言語の文法」を学習させること**にありました。つまり「先に理論・文法を学び、後で実践を行う学習方法」です。これがあまり良くありませんでした。

プログラミング言語の文法は、慣れない人にとっては呪文のような難解な文字列でしかなく、最初のうちは簡単な処理を実行するだけでも大変な労力が求められます。そのため、最初の理論学習の段階で多くの人が挫折していました。

一方、現在のプログラミング教育では、**実際に何かを作る過程を経験しながら（もしくは経験した後で）、プログラミング言語の文法を学んでいくという流れ**が主流になっています。

こうすることで、学習者はより具体的に「今、学んでいることを習得することによって何が実現できるようになるのか」をイメージできるようになるため、以前よりも圧倒的に挫折する人が減り、また、効率的に学習を進められるようになっています。

次の図を見てください。旧来と現在で学習の流れ（プロセス）が大きく異なることがわかると思います。

● 旧来の学習方法と現在の学習方法の違い

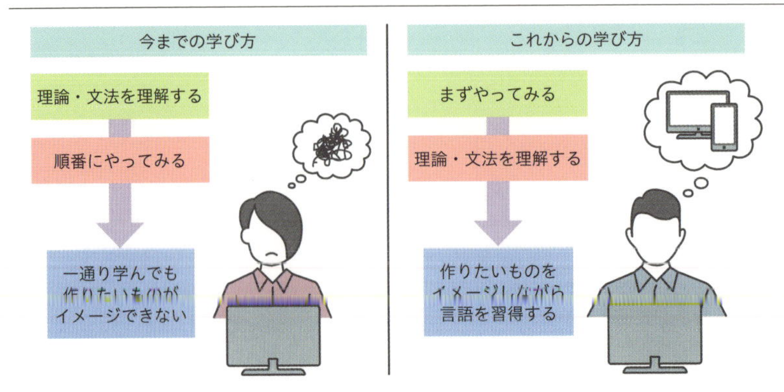

プログラミング・スキルの最大の価値はアイデアを形にできること

プログラミング・スキルの最大の価値はアイデアを形にできることです。言い換えるなら、プログラミングはあくまでもアイデアを形にするためのツールでしかありません。

ですから、どのような理由でプログラミングを学ぶにせよ、できれば「**何らかのアイデアを形にすること**」をゴールに設定して学習することをお勧めします。アイデアはどのようなものでも構いません。好きなゲームでも、Webサービスでも、iPhoneアプリでも、何でも良いのです。みなさん自身の「実現してみたいこと」がアイデアの種になると思います。いろいろと考えてみてください。

Section
02 最良のプログラミングの学び方

では実際には、どのような学習方法があるのでしょうか。現在ではプログラミングに関して、次のような学習方法が提供されています。

- 書籍やネットなどを使って学習する
- プログラミングの学習サービスを利用する
- ワークショップに参加する
- プログラミング関連のスクールに通う

それぞれの学習方法の特徴をまとめると下表のようになります。まずは全体をざっと眺めてみてください。

● プログラミング学習方法の比較

	書籍	学習サービス	ワークショップ	スクール
学習環境	自分のみ	オンライン コミュニティ	集団	集団または個別
理解度	△	○	○	◎
進捗度	自分のペース	自分のペース	参加者が全体に合わせる	個人の進捗に応じて調整可。集団の場合は個別調整は困難
継続性	△	△	×	◎
コスト	○	◎	○	△
エリア	どこでも	どこでも	主に都市部	どこでも
対象者	中級～上級者	初級～中級	初級	初級～中級

どの方法が最良であるかは、最終的には実際に学習をするみなさんの好みや相性などによって決まる面も大きく、またそれぞれの学習方法にメリット・デメリットがあるので「絶対にこれが良い」と一概にはいえません。自分の性格やライフスタイル、予算などを総合的に勘案して学習方法を検討していただければと思います。

ただ、みなさんがプログラミングの初心者であるならば、筆者は**次の流れで学習を進めることをお勧めします**。

1．プログラミング学習サービスや教材アプリを利用する（無料／有料）
2．（任意）ワークショップに参加する／スクールに通う
3．書籍やネットの情報などで学習する

いずれか1つの方法だけで十分なスキルを身につけるのは大変です。スキルの習熟度に応じて、最適な学習環境へ移行することが大切です。そういった意味もあって、上記の3段階で学習を進めていくことをお勧めします。

ここでは、各段階について簡単に説明します。詳しくは次章以降で個別に解説します。

1．プログラミング学習サービスや教材アプリを利用する

プログラミング経験がまったくない人に、最初に取り組んでほしいのは、**ネット上で無料で利用できるプログラミング学習サービス**、またはiPadやパソコンで利用できる**教材アプリ**です。これは、**大人も子ども同じ**です。

世界中には、さまざまな学習サイトがあり、学習障壁の低い「**ビジュアル・プログラミング言語**」を採用しているサービスも多いので、ぜひそのうちのいずれかを試してみてください。この段階の学習方法をしっかりと説明するのが**本書の目的**でもあり、論理的思考力や問題解決力の向上に最も影響する段階でもあります。具体的なサービスや学習の進め方

については第２部（Part2）で解説します。

ネット上の学習サイトや教材アプリを利用することのメリットは次の通りです。

- 自宅にいながら、24時間、いつでも学習を開始できる
- 多くのサービスを無料で利用できる（有料もある）
- プログラミングの「設計」（論理的思考法や問題解決力）を学べる
- 最新のプログラミング教育の研究結果が反映されている

上記のように、学習サービスや教材アプリの利用は初心者にとって最適です。はじめるための障壁も低く、リスクもありません。ゲーム感覚ではじめられるものも多く、「**気づいたらプログラミング的思考法が身についていた**」と感じる人もいるほどです。

そのため、小・中学校の授業で採用されているカリキュラムの多くは、オンラインの学習サイトや教材アプリを利用したものが中心となっています。

「プログラミング」という言葉に多少なりとも「難しそう」という思いがある人はこのステップから学習を進めることで、その印象を払拭できると思います。

［POINT］ 学習サービスや教材アプリのデメリット

学習サービスや教材アプリの利用は、筆者が最もお勧めする学習方法の１つですが、いくつかのデメリットもあります。

１つめは、一人でサービスを利用する場合、疑問が湧いた際の解決に時間がかかるという点です。経験者と一緒に操作したり、複数名で集まって学習している場合には疑問点の解決も容易ですが、一人ではじめる場合にはデメリットの１つになると思います。

２つめは、いくつかのサービスは英語でしか提供されていない、という点です。日本語に対応しているサービスも多いので、英語に[illegible]

自信のない人は日本語に対応しているサービスから選ぶことが必要です。
ただし、多くのサービスは子どもも対象に含めているため、記載されている英文は非常にやさしいです。高度な英語力はまったく必要ありません。ですので、英語が苦手な人もぜひ一度はチャレンジしてみてください。

2．ワークショップに参加する／スクールに通う

ネットの学習サービスや教材アプリである程度プログラミングの基本や素養を習得できたら、次のステップとして、**一定回数は、ワークショップやキャンプ（集中的にプログラミング学習を行うイベント）、またはスクールに通うことを筆者はお勧めします。**

ワークショップやキャンプ、スクールでは、**限られた一定時間内で成果物（アプリやプログラムなど）を作成する**ため、初心者にとってはとても良い経験になると思います。また、習熟度が同程度の人と交流することも、勉強のモチベーションを維持するうえでは効果的です。

ワークショップは全国で頻繁に行われています。いくつかの情報源を第11章（Chapter 11）で紹介しますので、日程や時間、予算なども勘案しながら、検討してみてください。

ここまでの段階で、プログラミング的な思考や考え方と、基本的な開発技法を習得することができれば、後は書籍やネットの情報などを用いた学習だけでも、どんどん知識を増やしていくことができます。その速度は基礎を身につけてない人と比べ、圧倒的に速いと思います。

どのような科目にもいえることですが、大切なのは何といっても「基礎」です。オンラインの学習サービスとワークショップやキャンプ、スクールなどでしっかりとした基礎を身につけてください。

［POINT］ **周りの目が気になる人にはマンツーマンもお勧め**

プログラミングを教えるスクールの中には、マンツーマンのレッスンに対応しているところもあります。疑問点や質問したいことがあるのに周りの人の目が気になって声を上げられない人は、マンツーマンのスクールも検討してみてください。通常のスクールよりも少し割高ですが、理解も進みやすく、充実感は高いと思います。

3．書籍やネットの情報などで学習する

この方法は、現在の主流の勉強方法です。書店に行って目的の書籍を買い、それを読みながら勉強を進めます。基礎知識のある人や明確な目的がある人にとっては、最も手軽で便利な学習方法の１つといえます。

また、最近はネット上にも優れた情報源がたくさんあります。それらを参照することで、プログラミング・スキルをどんどん高めていくことが可能です。

書籍やネットなどを使った学習方法についてのアドバイスは第11章で行います。

Section

03 さぁ、プログラミングの世界へ

アメリカでは毎年12月に「Computer Science Education Week」というイベントが開催されています。

● Computer Science Education Weekの公式サイト

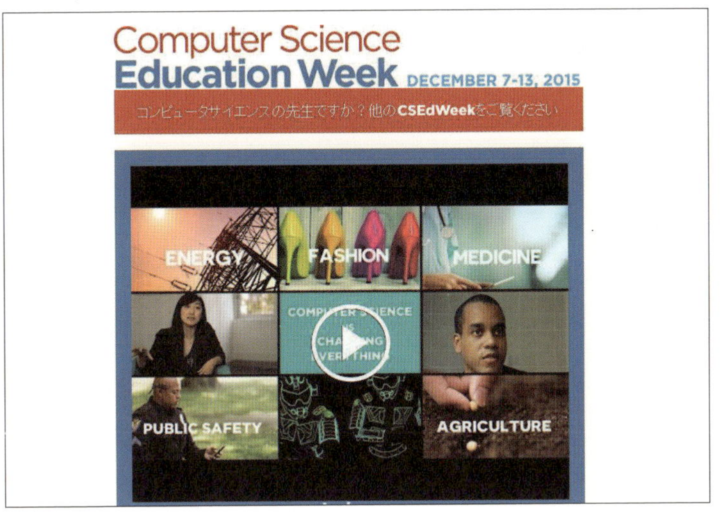

URL https://csedweek.org/

このイベントは、**プログラミング教育を世界中に普及することを目的**としており、そのうちの1つに「Hour of Code」(p.70)という、主に学生（小～高校生）を対象としたプログラミングに慣れ親しんでもらうためのイベントが提供されています（もちろん、大人も体験できます）。

このイベントの開催にあたり、アメリカ合衆国のオバマ大統領は次のようなスピーチを行いました[*1]。

＊1 Hour of Code「President Obama asks America to learn computer science」

> プログラミングを学ぶことは、みなさんの将来にとって重要なだけでなく、アメリカにとっても重要です。アメリカが最先端であるためには、プログラミングや技術をマスターする若手が必要不可欠です。
>
> 新しいビデオゲームを買うだけでなく、自ら作りましょう。最新のアプリをダウンロードするだけでなく、設計してみましょう。それらをただ遊ぶのではなく、プログラムしてみましょう。
>
> はじめからプログラマーの専門家の人はいません。しかし、少しの努力と数学と科学を勉強していれば、誰でもプログラマーになることができます。あなたが、誰であっても、どこに住んでいてもコンピューターはあなたの将来において重要な役割を占めます。あなたがもし勉強を頑張れば、あなたの手で未来を創り出すことができるでしょう。

● オバマ大統領が「Hour of Code」へ向けて行ったスピーチ

URL https://www.youtube.com/watch?v=6XvmhE1J9PY

オバマ大統領はこのイベント以前から、プログラミング教育の重要性について語っており、プログラミングの義務教育化についても次のように発言しています[*2]。

> プログラミングの必修化は理にかなっているでしょう。強くそう思います。作られたゲームを消費するだけでなく、自らがコンピュータを使って何かを作り出す能力を身につけてほしいのです。
>
> デジタル技術について関心のある若者が増えているのだから、4年制の大学へ行って学位を取ろうと取るまいと自らのキャリアを築けるように、高校でプログラミングやグラフィックデザインの技術を教えたらどうか。

プログラミング・スキルの重要性は、コンピュータがこの世に誕生して以降、常々叫ばれてきていますが、ここ数年はこれまでとは明らかに異なるレベルでその重要性が高まっています。そして、この流れはアメリカだけではなく、世界中で起こっています。

そう、まさに今こそがプログラミングを学びはじめる絶好の時期なのです。ぜひ本書を読むだけでなく、実際に手を動かして学習を進めてください。それによって、きっと大きなメリットを享受できると思います。

さて、前口上はこれくらいで終わりです。次章からはいよいよ世界最高の学習メソッドを具体的に紹介していきながら、実際にプログラミングを学んでいきます。

＊2 The WHITE HOUSE「President Obama on Computer Programming in High School in a Google+ Hangout」
（https://www.youtube.com/watch?v=PClfyIbIr5Q）

科学的に証明されたプログラミング学習の効果

ここでは、現在までに世界各国で行われてきたさまざまな研究や実証実験によって証明された、プログラミングを学ぶことの効果を紹介します。

なお、ここで紹介する研究や実証実験の被験者の多くは子どもではあるのですが、これからプログラミングを学びはじめようか悩んでいる大人のみなさんにも参考になる部分が多々あるので、ぜひ読み進めてください。

●「Logo」の利用で独創性、問題解決力が向上

プログラミングの実行環境「Logo」は、コマンド入力を伴うプログラムの実行環境です。昨今はビジュアル・プログラミング言語の研究が盛んであるため、今回ここで紹介する、インドネシアのビナ・ヌサンタラ大学で行われた「Logo」を用いたプログラミング研究のレポート＊1は昨今の研究成果としてはとても珍しいものの1つです。

● Turtle Academyの「Logo」

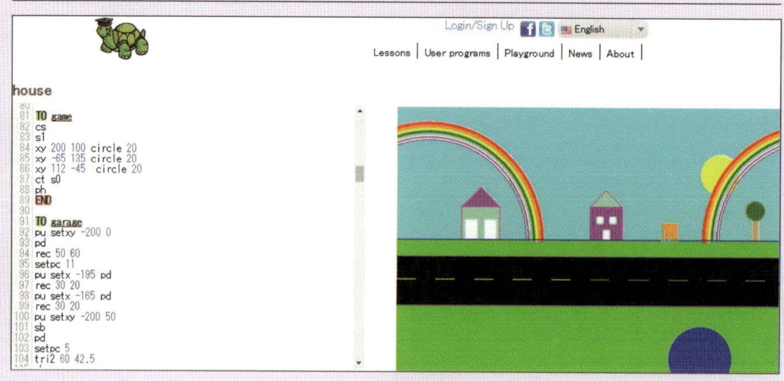

＊1 「The Effect of Logo Programming Language for Creativity and Problem Solving」

この研究に参加したのは、インドネシアの小学5年生85名です。8週間の期間中に約10時間、Turtle Academy 上で「Logo」を利用してプログラミングを学習しました。

問題解決力などの検証・計測は、インドネシア大学が開発した「Creative Thinking Figural テスト」で行われました。計測結果は次の図のとおりです。

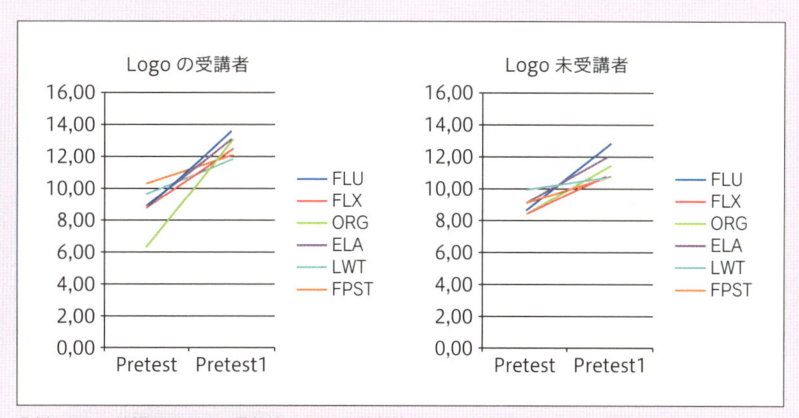

凡例：FLU：流暢さ／FLX：柔軟性／ORG：独創性／ELA：丁寧さ／LWT：論理的思考力／FPST：問題解決力

上記の測定結果のグラフを見ると、「Logo」を用いたプログラミング学習の受講者（左グラフ）の全指標の平均は12.74で、未受講者（右グラフ）の平均11.49に比べて、全体平均値が高いことがわかります。また、受講者においては、ほぼすべての人が同程度のスキルにまで達していることもわかります。

このことから、「Logo」を用いたプログラミング学習を体験したチームのほうが独創性、問題解決力などが向上していることがわかります。中でも独創性の伸びは著しく、「Logo」の体験後に207％も値が増加しています。

● 幼児期の配列能力に効果あり

アメリカのマサチューセッツ州にあるタフツ大学によると、幼児であってもプログラミングを体験することによって、**配列能力が向上する**ことがわかりました*2。配列能力と聞いてもピンとこない人も多いと思いますが、この能力は論理的思考力（ロジカルシンキング）に必要となる「**物事を組み立てること**」に役立つ能力です。一般的には9歳未満に対する論理的思考力を向上させるトレーニングは困難といわれていますが、本件は好例となる検証結果だったと思います。

● 実験で使用したソフトウェア「CHERP」

参考画像 https://ase.tufts.edu/DevTech/tangiblek/research/cherp.asp

実験で使用したプログラミング教育ソフトは、タフツ大学が開発した「**CHERP**」というビジュアル・プログラミング言語を扱うソフトです。プログラミングに参加した子供の平均年齢は5.5歳で、男女34人です（男68％、女32％。未就園児29％、幼稚園児71％。コンピュータ経験有は7割。9％はマウス操作できない）。

プログラミング体験は、1.5時間×3回の計4.5時間行われました。プログラミング体験後の効果を「Picture Sequencing Test」という手法で測定した結果、全体平均で約20％もスコアが上昇したと報告されています。

● CHERPの利用前後による配列能力の測定値

―――――――――――― 結果 ――――――――――――
CHERP 利用前：**7.06** → CHERP 利用後：**8.44**

---

*2 「The Impact of Computer Programming on Sequencing Ability in Early Childhood」（タフツ大学）

Part 2

世界最高の学習メソッドで学ぶ、はじめてのプログラミング

An introduction to programming for beginners.

Chapter 03

主な学習サービスの概要と特徴

Learning services and their features.

Chapter 03

Section 01

世界最先端のプログラミングの学び方

長らくお待たせいたしました。ここからは、世界各国で行われているプログラミングの学習サービスや教材アプリを使った最先端の学習メソッドを紹介しながら、実際にプログラミングの学習をはじめていきます。

プログラミング教育の傾向

最初に、プログラミングの学び方の現在の傾向を簡単に説明しておきます。

プログラミング教育自体は、コンピュータが生まれた1970～80年代から存在しますが、ここ数年で内容や傾向が次のように変わってきています。

従来：エンジニアという職種に就く人が学ぶためのもの
現在：一般の社会人や子どもなど、IT産業に直接関わっていない人たちのためのもの

まずはこの大切な違いを頭の片隅に置いておいていただきながら、本書を読み進めてください。

初心者には学習サービスや教材アプリがお勧め

前章で解説したとおり、初心者の人は最初はネット上で無料で利用できる**プログラミング学習サービス**や、iPadやiPhone、パソコンなどで利用できる**教材アプリ**を用いた学習がお勧めです。

ただし、一口に「プログラミング学習サービス」や「教材アプリ」といった場合でも、実際には実に多種多様なサービスやアプリが存在します。ですので、個別のサービスの使い方を解説する前段階として、先に学習メソッドの特徴別に、代表的なサービスやアプリをいくつか紹介します。この内容は、プログラミング教育を取り入れようとしている先生方やご両親の参考にもなると思います。

[POINT] プログラミング初心者なら大人も子どもも同じ

本書の前半で紹介するプログラミング学習サービスや教材アプリの中には、4、5 歳からはじめられるものや、小・中学生を主な対象としているものも多く含まれますが、**プログラミングの未経験者という意味では、大人も子どもも関係ありません。** ですので、本書で紹介するプログラミング学習サービスや教材アプリなどは当然、大人にも有効です。「小学生と机を並べて学んでください」といっているわけではないので、ぜひ大人の方もチャレンジしてください。

また、本書の後半では高校生以上、もちろん大人の方々でも十分にやりがいのある高度なプログラミング学習サービスを紹介しています。ただし、初心者が一足飛びに高度なサービスに手を出しても良い効果は得られません。あまり「年齢」には捉われず、みなさん自身の学習段階（理解度や習得度）に応じて適切なプログラミング学習サービスや教材アプリを選定することをお勧めします。

● 比較的高度な学習サービス「codecademy」の学習画面

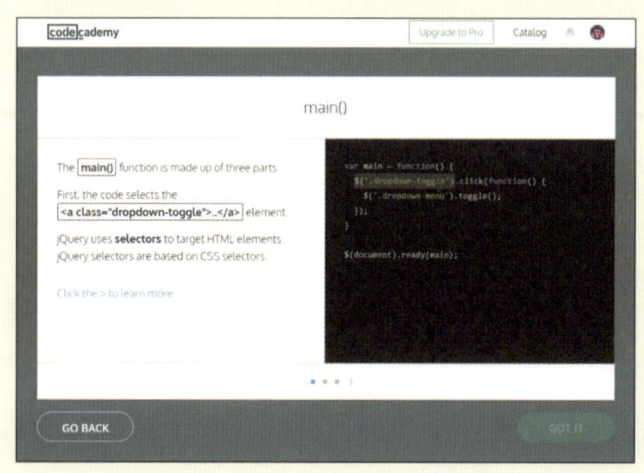

Section

02 初心者にお勧めの学習サービス4選

まずは、初心者にお勧めの学習サービス（教材アプリも含む）を4つ紹介します。世の中には無数の学習サイトや教材アプリが存在するため、何の知識もなく探しはじめると迷ってしまうと思います。まずは以下の4つのサービスを第一候補として検討してみてください。

- Hour of Code（Code Studio）
- lightbot
- Scratch
- CodeMonkey

なお、上記の各サービスについては、次章（第4章）以降でより具体的にサービスの使い方などを解説します。以下の概要を読み、気になるサービスがある場合はぜひ実際に使ってみてください。

延べ2億5千万人以上が夢中になった「Hour of Code」

Hour of Codeは「1時間だけプログラミングを学ぼう！」というコンセプトのサービスであり、ゲーム感覚でプログラミングを習得できる、非常に優れたサービスです。アメリカの**Code.org**という非営利団体が運営しており、**無料**で利用できます。

Hour of Codeはインターネットから利用できます。基本は英語ですが、日本語を含む、さまざまな言語に対応しているため、世界中の人が利用しており、現在までには、180カ国以上、延べ**2億5000万人以上の人々**が参加しています。アメリカのオバマ大統領が体験したことでも有名です。

● Hour of Code

URL https://code.org/

Hour of Code の優れている点は「**自分で組み立てたプログラムをすぐに確認できること**」です。このサービスでは有名なキャラクター（例えば『**スター・ウォーズ**』や『**アナと雪の女王**』など）が多く登場するので一見するとその点のほうが目立ちますが、**これほどナチュラルな形でプログラミングを学習できるサービスは他にありません**。とても優れたサービスだと思います。

また、Hour of Code を修了した人には、より上級のコースも多数用意されています。もしみなさんが、プログラミング経験が一切なく、コンピュータに苦手意識があるのでしたら、ぜひ Hour of Code からプログラミングの学習をはじめてください。きっとすぐに、みなさんの新しい能力が目覚めると思います。

Hour of Code の詳細ついては p.85 で詳しく説明します。

● Hour of Code の学習スタート画面

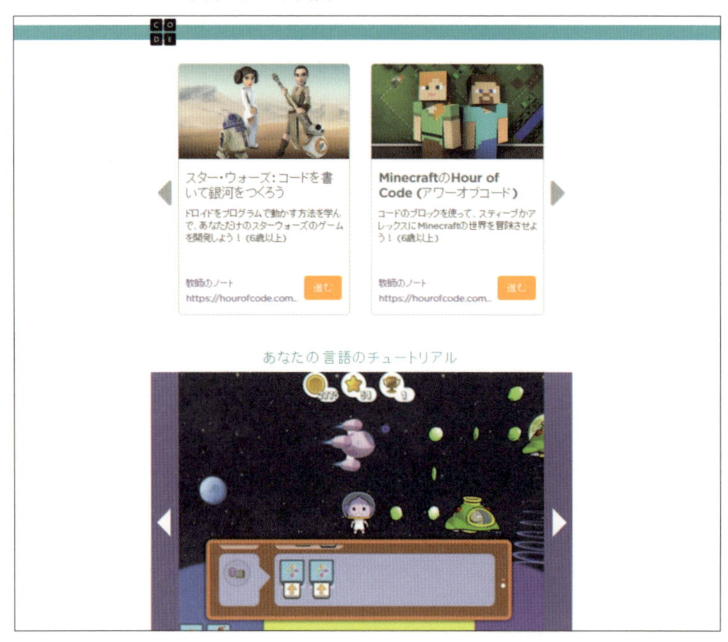

● Hour of Code のスター・ウォーズのコンテンツ

4歳からはじめられる「lightbot」

lightbot は、カナダの LightBot 社が開発・運営しているプログラミングの学習サービスです。2008 年からサービスが開始されています。

視覚的な操作によって、パズル感覚でプログラミングに必要な考え方を学ぶことができるため、低学年の子どもでも楽しめます。また、パソコンはもとより、**Android や iPhone/iPad のアプリとしても提供されている**ため、いつでも、どこでも思い立ったときにすぐ学習を開始できるというメリットもあります。各ステージも **5分程度でクリア**できるように設計されているため、ゲームが好きな人には特にお勧めです。

● lightbot

URL https://lightbot.com/

なお、lightbot は、一部は日本語に対応しているものの、基本的には英語での提供となります。この点は注意が必要かもしれません。

lightbot の詳細ついては p.105 で詳しく説明します。

MITが開発した教材アプリ「Scratch」

どのような学問の勉強にもいえることですが、学習を続けていくうえで最も大切なことは、なんといっても「**楽しむこと**」です。最初から難しそうな雰囲気が出ていては、やる気もすぐに薄れてしまいます。

そういった意味において、**MIT（マサチューセッツ工科大学）**のメディアラボが開発・運用している学習サービス「**Scratch**」も、プログラミング学習の初心者にとって最適な学習サービスの1つです。

Scratchを使うと、ゲーム感覚で楽しみながら、プログラミングの理論や概念を身につけることができるため、世界中で人気があります。

また、Scratchは**日本語にも対応**しているので、英語が苦手な人にとっても最適な教材です。ぜひ一度、実際にチャレンジしてみてください。Scratchの詳細についてはp.113で詳しく説明します。

● Scratch

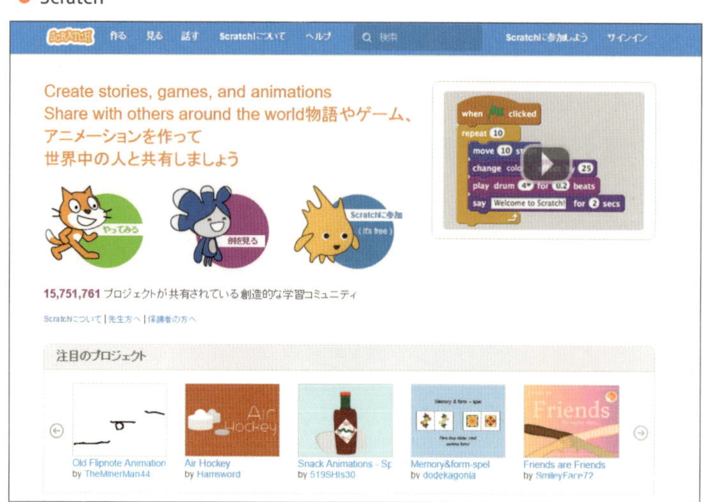

URL https://scratch.mit.edu/

イスラエルのスタートアップが開発した「CodeMonkey」

CodeMonkeyは「今まで一度もプログラミングしたことのない人でもゲームを進めるうちに自然とプログラムを記述できるようになるゲームサービス」です。CodeMonkeyを開発・運営しているのは、イスラエルのソフトウェア・ゲーミング会社「CodeMonkey Studios ltd.」です。

CodeMonkeyはパソコンでのみ利用できるサービスです。一人でも楽しめますし、複数人で一緒に学ぶこともできます。海外では学校の授業でCodeMonkeyを採用しているところも増えてきており、9歳から16歳の生徒を対象に使われています。CodeMonkeyの詳細ついてはp.131で詳しく説明します。

● CodeMonkey

URL https://www.playcodemonkey.com/

Chapter 03 主な学習サービスの概要と特徴

COLUMN

Apple 社の「Swift Playgrounds」

テクノロジー業界の雄、Apple 社もプログラミング学習のためのアプリケーション「**Swift Playgrounds**」を提供しています。Swift Playgrounds は iPad 上で動作する、プログラミングの学習環境です（iPad 用のアプリです）。

このアプリは、本編で紹介している「Hour of Code」や「Scratch」よりも、ワンランク上の高度な学習ツールですが、その分、非常に自由度が高いため、使いこなせるようになると、さまざまなアプリを制作できるようになります。気になる人はぜひチェックしてみてください。

● Swift Playgrounds

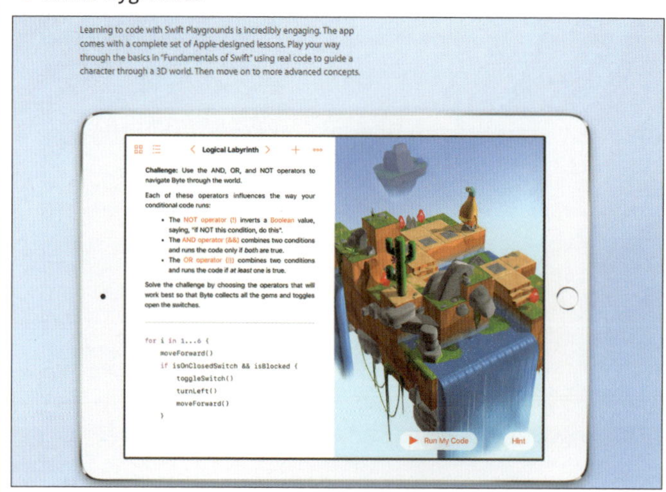

URL http://www.apple.com/swift/playgrounds/

今後は、Apple 社以外にも、さまざまな企業がこの「プログラミング教育」の分野に参入し、より良い学習サービスや教材アプリを発表すると思います。とても楽しみですね。

Section

03 ロボット操作で学ぶプログラミングの基礎

前項で紹介したプログラミングの学習サービスや教材アプリはすべて、パソコンやタブレットの画面内で作業が完結するものでしたが、実物のロボットやドローンといった、**ハードウェア（物体）を組み立てたり、操作したりすることを通してプログラミングを学ぶことができる教材**もあります。

下図はLEGO社が販売している教育用のレゴ「マインドストームEV3」です。この機器はみなさん自身のオリジナルのプログラムで制御できます。

● 教育版レゴ「マインドストーム EV3」

URL https://education.lego.com/ja-jp/learn/middle-school/mindstorms-ev3

ハードウェアを利用したプログラミング学習のメリット

ハードウェアを利用したプログラミング学習のメリットは、現実世界の物体を実際に触りながら、その動きを画面内のプログラミングで制御できる点にあります。この体験をすることで、**プログラミングの持つ力をより一層具体的にイメージできるようになります**。

そのため、ロボットを使ったプログラミング教育は、独学での利用だけでなく、ワークショップやスクールといった、対面授業でも広く利用されており、人気を博しています。

ハードウェア型のプログラミング教材は、市販のラジコンなどとは異なり、さまざまな新しい動きを学習者自らが設定できるので、アイデア次第でいろいろな処理を創造できます。

対面授業では通常、何らかの課題が与えられ、その課題をクリアするためのロボットを作ることが求められます。もちろん、**正解は１つではありません**。課題の解決方法は幾通りもあります。「**どのようにして課題をクリアするのか**」を考えることが必要です。これは、一般社会でも必須の「問題解決力」の向上にも役立ちます。

さらに、課題解決をグループワークで行う場合はグループ全員で協力して課題解決のための方法を考えなければならないため、問題解決力の向上だけでなく、コミュニケーション力の向上や共同作業における役割分担などの素養も習得できます。

ロボット組み立て型のプログラミング教材は活況

ロボットを用いたプログラミング教材は、学習者に人気が高いこともあって、ここ数年で急速に増えています。国内メーカーはもとより、海外メーカーもさまざまなロボットと、それを制御するためのプログラミング教材とソフトにして展開しています。

本書ではそのすべてを紹介することはできませんが、主なものをいくつか紹介します。各教材にはとても丁寧なマニュアルが付属しているので、先述した学習サービスや教材アプリである程度プログラミングの勘所をつかんだ人は、ぜひチャレンジしてみてください。教員用のマニュアルを用意している製品もあります。お子さんがいる人は、一緒に課題を解決したり、1つの課題を競ったりするのも、楽しいのではないでしょうか。

なお、当然のことではあるのですが、ネット上の学習サイトや教材アプリと異なり、**ロボット教材は有料**です(数千円〜十数万円)。この点には注意してください。

LEGO社の「マインドストーム EV3」「WeDo 2.0」

組み立てブロック玩具で有名なLEGO社の教育部門である「レゴ エデュケーション」は次の2種類のロボット教材を販売しています。

- マインドストーム EV3
- WeDo 2.0

マインドストーム EV3や**WeDo 2.0**には専用の開発環境が用意されており、そのなかでモーターの回転速度の変更やセンサー情報の取得、各機器の制御などを実行できます。これらの操作は用意されているアイコンを組み合わせるだけで実現できるため、プログラミング言語特有の細かくてわかりづらい文法を学ぶ必要はありません。この点は前節で紹介したScratchやHour of Codeなどと同じです。

2016年4月に発売されたWeDo 2.0はマインドストーム EV3よりも機能的にはシンプルになりますが、その分、プログラミングの本質を学ぶことが可能です。LEGO社のWebページには次のように説明されています。

> WeDo2.0は、WeDoの革新的な学習体験をさらに発展させ、新しいブロックセットと改良されたテクノロジー、楽しく興味を引く方法で科学的問題について学習する機会を提供します。WeDo 2.0の教材は実生活に関わる問題を題材にしているため、子供たちは教科書だけでは得られない科学の世界に、直に触れることができます。
> 出所 https://education.lego.com/ja-jp/learn/elementary/wedo-2

● LEGO社の「WeDo 2.0」

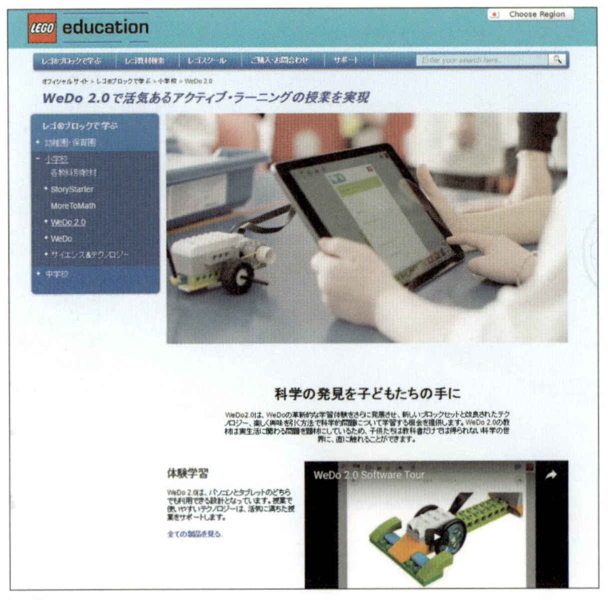

URL https://education.lego.com/ja-jp/learn/elementary/wedo-2

アーテック社の「ロボティスト」

アーテック社は全国の小・中学校、高校、幼稚園、保育園などの約11万3,000校で使用されている学校教材の総合メーカーです。同社が販売している「**ロボティスト**」は、縦・横・斜めに挿し込める「アーテックブロック」と、初心者でも簡単に扱えるロボット制御基板「Studuino[*1]」を組み合わせることによって、形も動きも自由自在に操作できるロボット教材です。

● アーテック社の「ロボティスト」

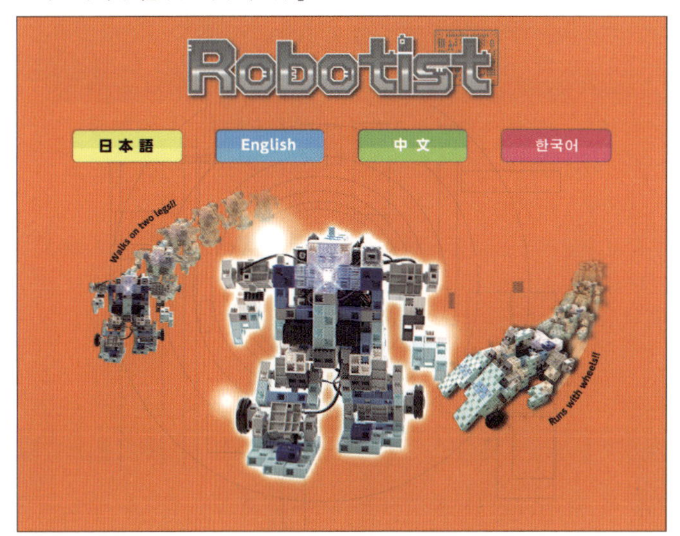

URL http://www.artec-kk.co.jp/robotist/downloads.html

ロボティストには、無料ダウンロードできるオリジナルソフトウェアの「**Studuino アイコンプログラミング環境**」と「**Studuino ブロックプログラミング環境**」が用意されているため、初心者でも簡単にロボットの動作制御プログラムを作成できます。専門知識がない初心者から高度なロボットを作成したい上級者まで、幅広いユーザーに対応したロボット作製キットです。

「**自分でロボットを作ってみたい**」「**身の回りにあるものの仕組みを知って自分で作りたい**」と考えている小学生（8歳以上推奨）から、「**子どもと一緒に楽しく遊びながら学びたい**」「**自ら考える力を身につけさせたい**」と考えている大人に特にお勧めです。

＊1　Studuinoは、オープンソース・ハードウェアである Arduino（アルドゥイーノ）の互換基板です。基板上にはサーボモーターや DCモーター、センサーを接続できる端子があらかじめ設けられており、パーツをコネクターに挿し込んでいくだけで配線が行えます。

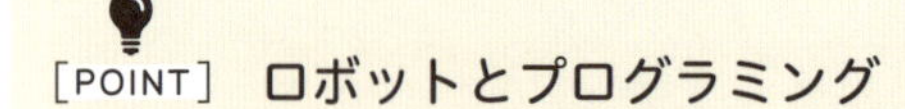

[POINT] ロボットとプログラミング

最近はソフトバンク社が販売している「Pepper」などが話題ですが、Humanoid（人型ロボット）は、人工知能やIoTとともに、今後益々発展していく技術カテゴリの1つだと考えられています。ロボットの操作には必ずプログラムが必要です。そういった意味でも、ロボット教材は今後の人材育成を見据えた場合、最適な学習方法の1つなのかもしれません。

その他のロボット教材

本書では紙面の都合上、上記の2社のロボット教材のみを具体的に紹介しましたが、先述したように、昨今はロボット教材を用いたプログラミング教育が盛り上がってきており、世界中の企業がさまざまなロボット教材を開発・販売しています。学習用途や対象年齢、制御内容などもさまざまですが、興味のある人はぜひいろいろと検索して調べて、実際に操作してみてください。最後に、本書の執筆時点で注目されているいくつかの製品を紹介します。

● プログラミング教育のロボット教材

製品名	開発・販売元
ソビーゴ RP1	ワイズインテグレーション
littleBits（リトルビッツ）	littleBits Electronics
Makeblock	Makeblock
Robotami	Robotron
KOOV	ソニー・グローバルエデュケーション

● ソビーゴ RP1

URL http://www.wise-int.co.jp/sovigo/

● Makeblock

URL http://makeblock.com/

● ROBOTAMI

URL http://robotami.jp/

● KOOV

URL https://www.koov.io/

Chapter 04

はじめてでも絶対につまずかない「Hour of Code」

An introduction to "Hour of Code"

Chapter 04

Section

01 Hour of Code とは

本章では、世界中で活用されている「ビジュアル・プログラミング言語」の1つ、「Hour of Code」の概要や特徴、具体的な使い方を解説します。

● Hour of Code

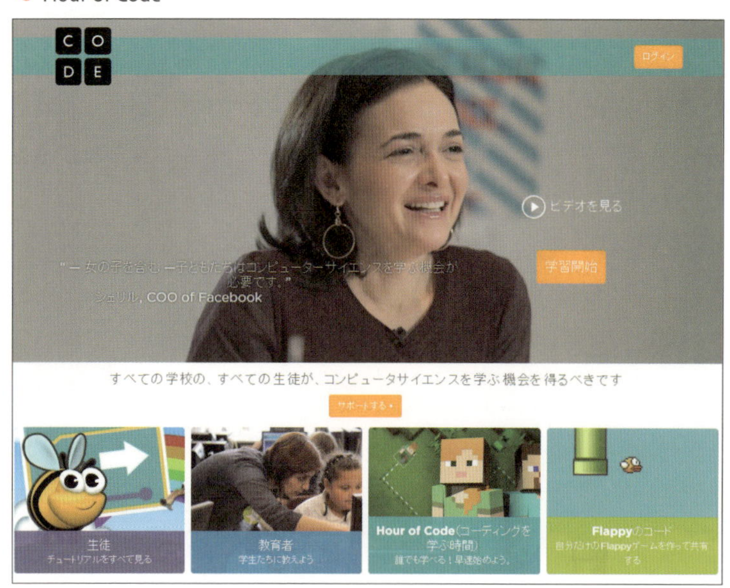

URL https://code.org/

Hour of Code の開発・運営元

Hour of Code は、ハディとアリ・パルトヴィの両氏によって設立された非営利団体「Code.org」が開発・運営しているプログラミングの学習サービスです。現在は「Code Studio」といういう学習サービス（オンラインホームコース)の一部として提供されています。

Code.orgの目的は、**世界中の人にコンピューターの知識を身につけてもらうこと**であり、そのための有用なプログラムを**無料**で提供しています。

Hour of Codeのプロモーション動画には、**Microsoftの創業者ビル・ゲイツ**や**Facebookの創業者マーク・ザッカーバーグ**、**Twitterの創業者ジャック・ドーシー**ら、IT業界の著名人も多数出演しており、多くの著名人がCode.orgの活動を支援しています。

Hour of Codeの特徴

Hour of Codeは、**4歳以上**を対象に設計されている学習サービスです(勘のいいお子さんは3歳でも操作できるようです)。基本的な流れは、**ブロックを組み合わせることでプログラミングを進めていく学習スタイル**です。しかし侮ってはいけません。単純そうですが、やってみると意外と難しい課題もあります。

● Hour of Codeの画面(アナとエルサとコードを書く)

Hour of Codeの最大の特徴の1つは、**学習の初期段階では明確な課題が与えられている点**です。ですので、学習者は、与えられた課題を、ゲームするような感覚でクリアしていくだけで、プログラミングの基礎知識を習得できます。**最初の課題は、プログラミングの経験がまったくない人でも楽しく学習できるように非常に簡単なものになっています**。

また、直感的に操作できるように設計されていたり、画面上にたくさんのヒントが表示されたりと、学習者がつまずいたり、挫折したりしないような工夫や機能がいろいろと用意されている点も特徴の1つです。

他にも、Hour of Codeでは、かわいらしいキャラクターとやさしいメッセージ、チャーミングな効果音などが使われているので、小さいお子さんから大人まで、幅広い人にお勧めのサービスです。

なお、一部は英語のみの対応ですが、基本的には日本語にも対応しているので、英語が苦手な人も気兼ねなく利用できます。

Hour of Codeの動作環境

Hour of Codeは、Webサイトへアクセスして操作する学習サービスです。iPhoneやAndroid用のアプリはリリースされていません。ただし、スマートフォンやタブレットからHour of Codeのサイトにアクセスすれば、パソコンと同じようにゲームを楽しむことができます[*1]。そのため、電車での移動時やちょっとした待ち時間に、気軽にプログラミングの学習を進めることができます。

Hour of Codeの学習の進め方

先述したように、Hour of Codeでは最初に明確な課題が与えられます。学習者は用意されているブロックを組み立てることで課題をクリア

＊1　スマートフォンやタブレットの機種によっては、動作しない場合があります。

していきます。下図は「マインクラフト」というコンテンツの最初の課題です。画面を見るとわかるように、最初にいくつかのヒントが表示されるので❶、迷うことなく学習を進められると思います。

● Hour of Code に表示されるヒント（マインクラフト）

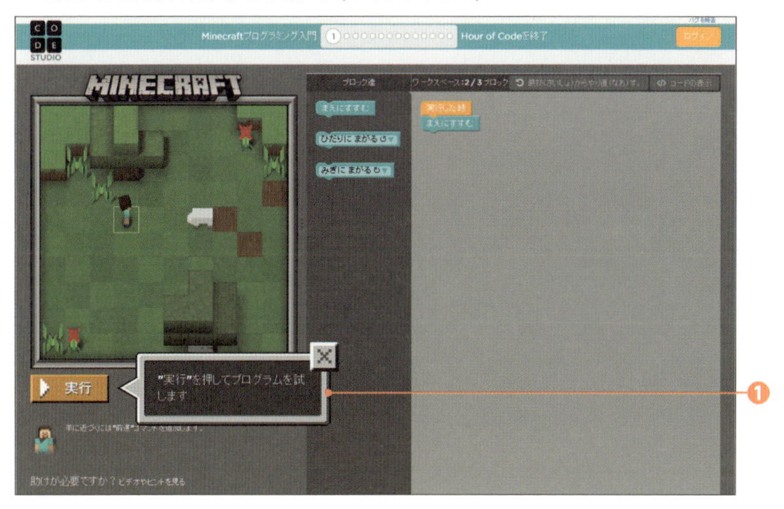

具体的な学習方法は次項で解説しますが、Hour of Code には次ページの図のように複数のコンテンツが用意されており、有名な映画やキャラクターが登場するコンテンツも多く、「**スター・ウォーズ**」や「**マインクラフト**」「**アナと雪の女王**」などもあります（執筆時点）。

そして、コンテンツごとに 15 ～ 20 前後のステージ（課題）が提供されています。1 ステージあたり 5 分程度でクリアできるように設定されているので、飽きずに少しずつレベルアップするようにして、プログラミングの基礎を学ぶことができます。

難易度はどのコンテンツも同じですので、好みのものから学習をはじめると良いと思います。

● Hour of Code のコンテンツ

Hour of Code
全年齢対象

スター・ウォーズ

ドロイドをプログラムで動かす方法を学んで、あなただけのスターウォーズのゲームを開発しよう！

マインクラフト

コードでMinecraftの世界を探検しましょう

アナと雪の女王

コードを使って、アナとエルサと一緒に魔法と氷の美しさを探検しましょう

古典的な迷路

コンピュータサイエンスの基本に挑戦してみてください。もう何百万人も挑戦した人がいます

Flappy Code

10分以内で自分だけのゲームを作ってみませんか？Flappy Codeを試す

インフィニティ プ…

プレイラボでお話やゲームを作りましょう！

プレイラボ

プレイラボでお話やゲームを作りましょう！

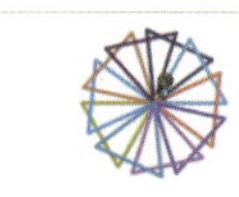

アーティスト

アーティストでかっこいい絵やデザインを描きましょう！

[POINT] Hour of Code の中身は JavaScript

Hour of Code は「JavaScript」（p.242）というプログラミング言語で作られています。ですので、JavaScript に興味がある人やゆくゆくは JavaScript を学びたいという人は、ぜひ Hour of Code で学習をはじめてみてください。通常時の表示はブロックですが、画面を切り替えることで、ブロックを JavaScript に変換できます。慣れないうちはブロック表示でゲームを楽しみ、少し慣れてきたら JavaScript のコードを確認しながらゲームを楽しむことができます。

Chapter 04

Section

02 プログラミング学習をはじめよう！

それでは実際に Hour of Code を操作して、簡単なプログラミングを行ってみましょう。

さっそく学習をはじめてみましょう

1 Code.org の Web サイト（https://code.org/）にアクセスして、［Hour of Code（コーディングを学ぶ時間）］のリンクをクリックします❶。

2 Hour of Code のコンテンツが一覧表示されます。下方向にスクロールするとコンテンツを確認できます❷。
今回は Facebook の創業者マーク・ザッカーバーグ自らが解説してくれる［古典的な迷路］（Write your first computer program）にします。サムネイルをクリックします❸。

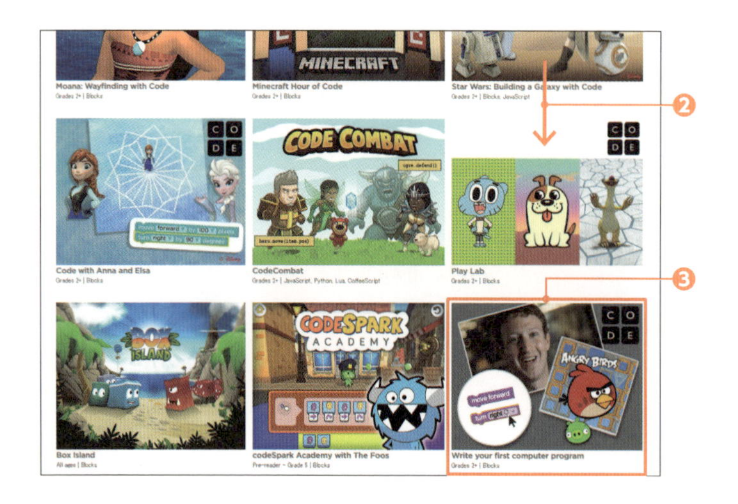

3　自動的に解説の動画が再生されます。はじめての人は説明を見てください。不要な人は右上の［×］を押して動画を閉じます❹。

4　最初のヒントが表示されるので、内容を読んで［OK］を押します❺。なおここで、このコンテンツには20ステージあることがわかります❻。

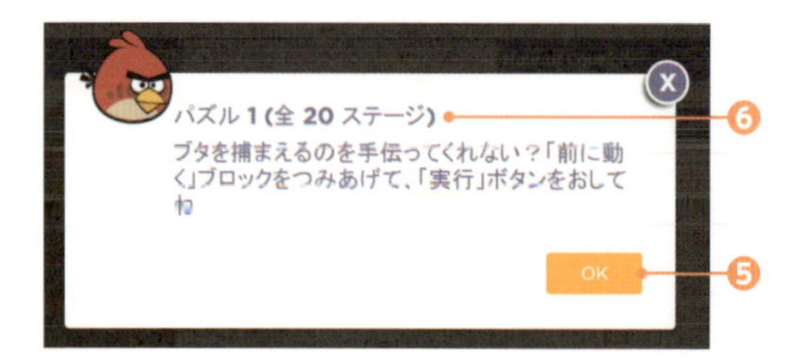

5 最初のステージが表示されます。ここでもいくつかのヒントが表示されています❼。

基本的な操作手順は、［ブロック達］エリア❽にあるブロックを［ワークスペース］❾へドラッグ＆ドロップして、オレンジ色の［実行した時］ブロックの下に組み合わせていく作業になります❿。配置したブロックを削除するには、対象のブロックを［ブロック達］エリアへドラッグ＆ドロップします。

組み合わせた後で［実行］をクリックすると⓫、赤い鳥がブロックで指定した通りに動きます⓬。このコンテンツでは、緑色のキャラクタのところまで赤い鳥を導けばゴールとなります。

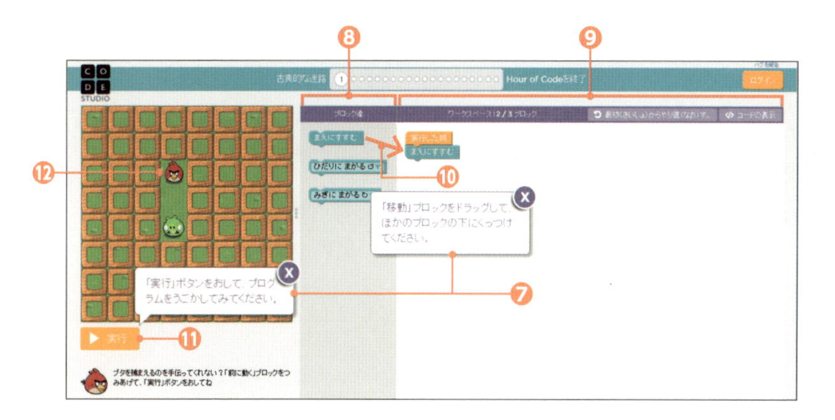

6 例えば、上図のステージ1の場合、下方向へ2段階進めば緑色のキャラクタのところへ辿りつけるので、下図のように［まえにすすむ］ブロックを2つ組み合わせて⓭、［実行］をクリックします⓮。

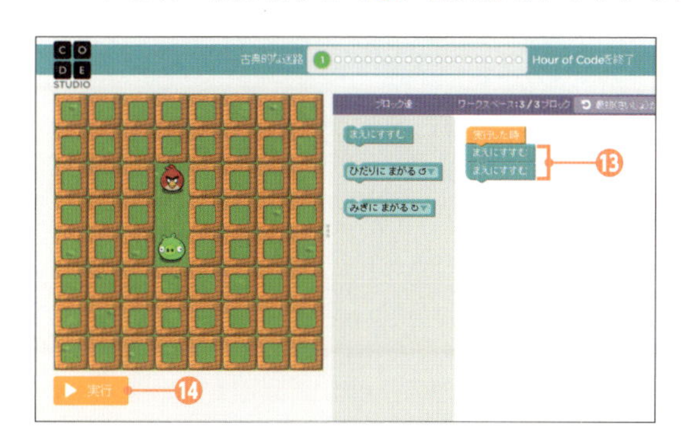

7 プログラミングに成功するとその旨のポップアップ画面が表示されます⑮。ここで［コードを表示します］をクリックすると⑯、JavaScript のコードが表示されます。

8 同様の手順でステージをクリアしていき、難易度が一段階上るとき、つまり「**新しい仕組みを学ぶ段階**」になると、再度ビデオのチュートリアルが表示されます（［古典的な迷路］ではステージ 5 をクリアした後）。今回紹介している［古典的な迷路］では、Facebook の創業者マーク・ザッカーバーグ自らがレッスンしてくれます。

9 ［古典的な迷路］の第２段階（ステージ６）では「繰り返し処理」を学びます。下図を見てください。ここまで学習を進めてきた人であれば、このステージは［まえにすすむ］を５つ組み合わせればクリアできることがわかると思います。しかし、画面下部のヒントにあるように⑰、このステージは２つのブロックだけでクリアすることも可能です。その方法を考えてみましょう。

10 下図のように「繰り返し処理」を使って、［まえにすすむ］を５回繰り返すようにブロックを組み合わせると⑱、このステージはたった２つのブロックでクリアできます。

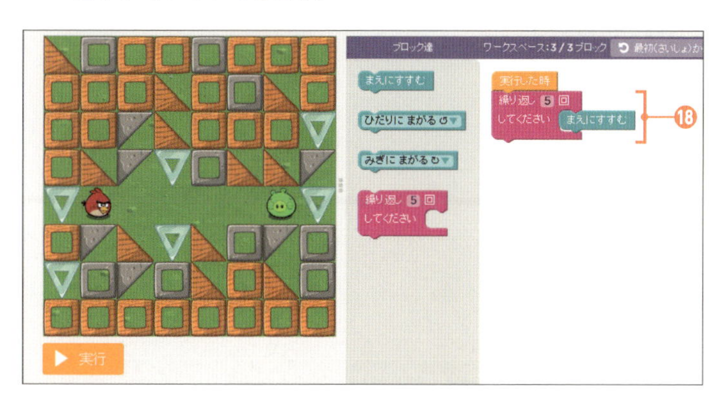

[POINT] 繰り返し処理の威力

繰り返し処理の威力は、繰り返す回数が増えれば増えただけ増します。上記のように「5 回繰り返す」程度であれば、[まえにすすむ] ブロックを 5 つ配置することと、それほど手間が変わらないと感じた人もいると思います。

ここで注目してほしいのは、「繰り返す回数は簡単に変えられる」という点です。繰り返す回数が 5 回や 10 回なら良いですが、1000 回や 1 万回だったらどうでしょうか。[まえにすすむ] ブロックを 1000 個も並べるのは非常に大変ですが、[繰り返し] ブロックの数値を「1000」に変更するだけなら 1 秒で作業完了です。これがプログラミングにおける繰り返し処理の威力です。

11 ステージ 10 では、回数による繰り返しではなく、「目標に到達するまで繰り返す」という処理を学びます。下図では [緑色のキャラクターにとどくまでくりかえす] ブロックが用意されています。これに対する命令は [まえにすすむ] が正解でしょう⑲。この 2 つの繰り返し処理はプログラミング上、とても大切な「考え方」です。もう少し学習を進めていくと、これらの違いに納得する日がくると思います。

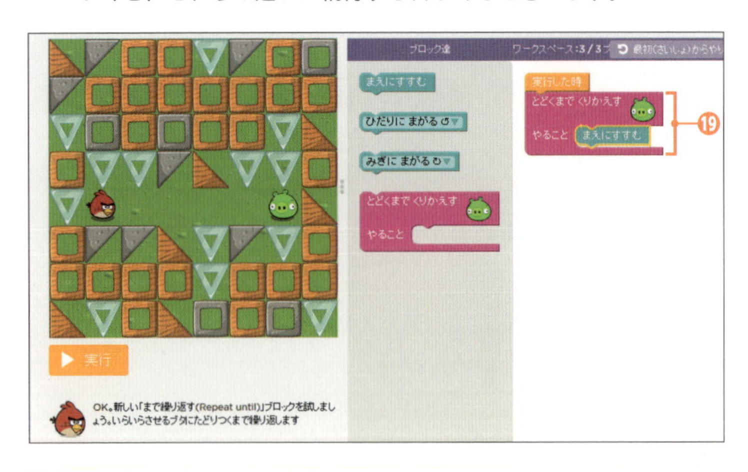

12 さらにステージを進めていくと、さまざまな新機能が登場し、そして制御できる内容も複雑になっていきます。ただ、その都度丁寧な解説が入るので安心して学習を進められます。

さて、すべてのステージを解説してしまってはみなさんの楽しみを奪ってしまうことになるので［古典的な迷路］の解説はここで終わりです。

ここまでに解説してきた要領を踏まえながら、ぜひ各ステージで求められている課題を理解し、そして考えて、全ステージをクリアしてください。**全ステージをクリアするとCode.orgから素敵な終了証がもらえます**。楽しみにしておいてください。

また、［古典的な迷路］をクリアしたら、他のコンテンツにもチャレンジしてみてください。ポイントは「**より少ないブロックで課題をクリアすること**」です。それを常に考えながら取り組むことが、プログラミング・スキルの向上に大きく貢献します。

Section

03 アカウント登録をしよう（無料）

前節で解説したように、Hour of Codeでは事前のアカウント登録などを行うことなく気軽に学習をはじめることが可能です。しかし、アカウントを作成しておかないとクリアしたステージの記録を残すことができません。ですので、いくつかのコンテンツやステージを試してみて、みなさんの学習スタイルに合っているなと感じた人は、ぜひアカウントを作成してください。アカウントは次の手順で作成できます。

1 画面右上にある［ログイン］をクリックします❶。

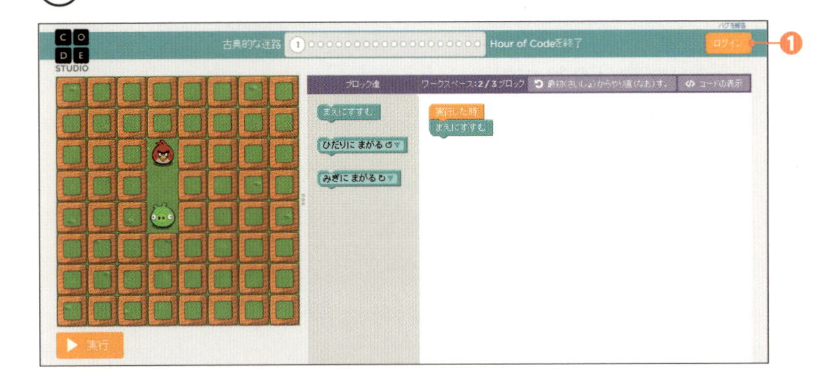

memo

Hour of Codeは、Code.orgが提供する複数の学習サービスのうちの1つです。ここでアカウントを作成しておけば、Code.orgが提供する他の学習サービス（p.100）もこのアカウントでログインできます。

memo

Facebook や Google+、Microsoft のアカウントを持っている人は、数回のクリックで簡単に Hour of Code のアカウントを作成できます❷。

2 ［入会］リンクをクリックします❸。

3 各項目を入力して❹、［入会］をクリックします❺。なお、［Account Type］には、社会人であっても［生徒］を指定してください。これで入会は完了です。次回からは［ログイン］してからコースを進めてください。

［POINT］ Account Type の種類

［Account Type］に［先生］を選択すると、設定したコース内で生徒の進捗具合を管理することができます。無料で利用できる機能なので、教育関係者には便利です。

Chapter 04

Section

04 より上級のステージへ進もう！

先述したとおり、Hour of Code は、Code.org という団体が運営・開発しているプログラミング学習用のサービスであり、この Hour of Code は、現在は「Code Studio」という、より広範囲の学習者を対象とした、一大プロジェクトの１つのコンテンツになっています。

● Code Studio 内の Hour of Code 以外のコンテンツ

URL https://studio.code.org/

Hour of Codeだけでも現在8つのコンテンツがあり、各コンテンツに15～20のステージがあります。Code.orgはそれらに加えて、上記のコンテンツを提供しています。

上図を見るとわかるとおり、各コースには対象年齢やコースの概要が明記されています。例えば[コース2]は「読み書きができる生徒のためのコース」「対象年齢：6-18才」とあります❶（前ページを参照）。

Hour of Codeの学習を修了した人はぜひとも、一段階上のコースにチャレンジしてください。難易度は次の順序で高くなっていきます。

● Code Studioのコンテンツ

コース名	概要
コース1	初心者向けのコース（4-6才）
コース2	読み書きができる生徒のためのコース（6-18才）。初歩のアルゴリズムやシーケンス、ループ（繰り返し処理）、条件文などが学べる
コース3	コース2を修了した生徒向けのコース（8-18才）。プログラミングの重要な機能である「関数」や「入れ子のループ」「while文」など、一段階上の機能を学べる
コース4	コース2と3を修了した生徒向けのコース（10-18才）。プログラミングの基本機能の1つである「変数」や「For Loops」などが学べる
上級コース	コンピュータサイエンスの基礎を学ぶコース（10-18才）。プログラミングの基礎を総合的に学習できるコース。プログラミング未経験者は先にコース4までを修了しておくことを推奨
アプリラボ	シンプルなアプリケーションを実際に制作するコース（13才以上）。「JavaScript」と呼ばれるプログラミング言語（p.242）を使って実際にアプリケーションを制作するコース。制作環境が与えられる。上級コースを修了した人はぜひチャレンジしてほしい。ただし、このコースは英語のみの提供となっている

それぞれのコースを修了していくなかで「**条件文**」や「**変数**」「**関数**」「**入れ子のループ**」といったプログラミングの基礎はもとより、「**2進法**」「**アルゴリズム**」「**抽象化**」といったプログラミングをする際に必要となるコンピュータの基礎や「**考え方**」「**解き方**」についても学習できます。**しかも、**

すべて無料です。すべての解説はとても丁寧であり、かつ具体的なレッスン付きです。

現時点では表の中に記載されている専門用語のなかによくわからない用語(例えば、For Loopsとか)も含まれていると思いますが、この時点では気にする必要はまったくありません。なぜなら上記のコースを修了する頃には、すべてを習得できているからです。

実際、Code Studioのコース1～4までを修了するだけでも「**プログラミングの基本は習得できた**」といえると思います。

なお、各コースには「13才以上対象」といった形で対象年齢が記されていますが、これはあくまでも目安です。最も簡単な「コース1」からはじめていくも良し、ある程度経験のある人や勘の良い人は中級者・上級者向けのコースからはじめていくも良しです。好みや目的に合わせて選択できます。

また、すべてのステージを丹念にやろうとすると、膨大なコンテンツ量に圧倒されるかもしれませんが、1つずつのコースは5～10分程度でクリアできるように、非常にコンパクトに作られていますので、ぜひあまり焦らずに、隙間時間があるときに少しずつでも挑戦してみてください。

● アプリラボ（App Lab）のトップページ

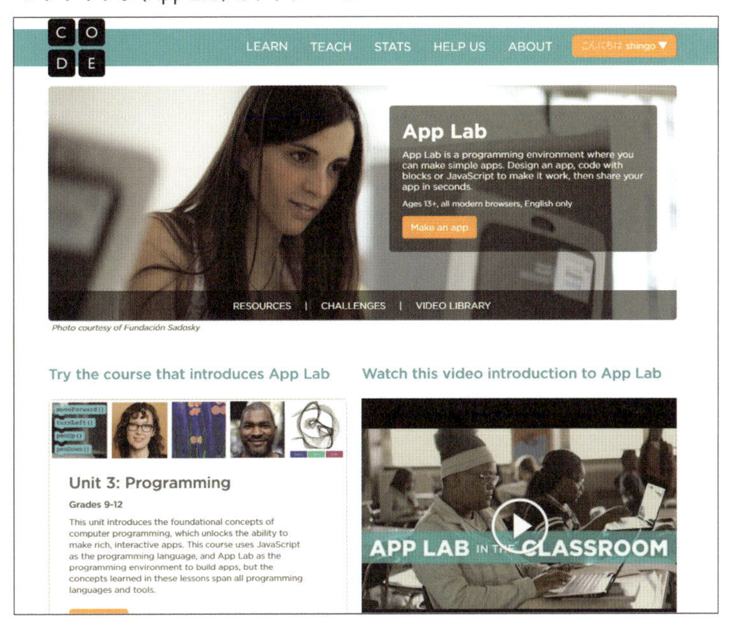

● アプリラボ（App Lab）の学習ページ

COLUMN

Unplugged Lessons

Code Studio にある「**Unplugged Lessons**」は、**コンピュータを使用しない、コンピュータサイエンスのコース**です。不思議に感じるかもしれませんが、プログラミングにおいて非常に大切な要素の1つである「**アルゴリズム**」(考え方・手続き)や「**基礎学習**(Fundamentals)」はコンピュータ(パソコン)がなくても学べます。

このコンテンツは執筆時点では英語のみの提供となっていますが、プログラミング・スキルを身につけるうえで、とても有用なものばかりですので、機会があればぜひチャレンジしてほしいコンテンツの1つです。一見簡単そうで、実はなかなか難しい。そのようなさまざまな課題を、脳に汗をかきながら解いていけば、一段階上のレベルに到達できると思います。

● Unplugged Lessons のコンテンツ(一部)

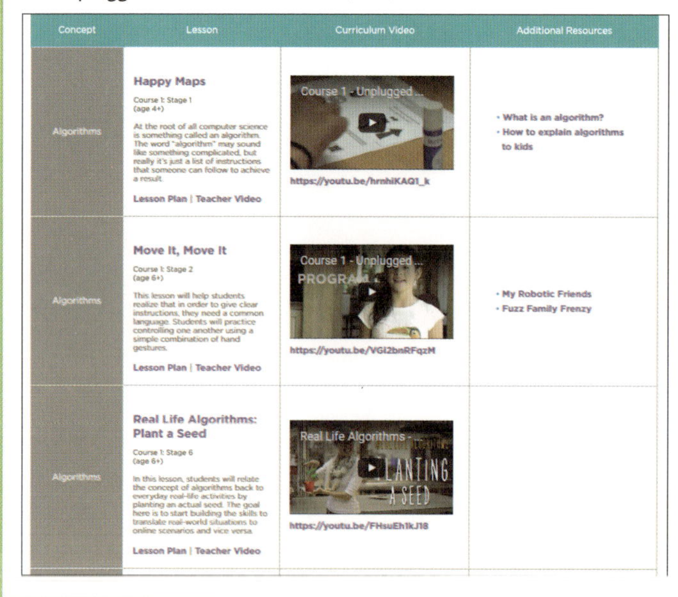

Concept	Lesson	Curriculum Video	Additional Resources
Algorithms	**Happy Maps** Course 1: Stage 1 (age 4+) At the root of all computer science is something called an algorithm. The word "algorithm" may sound like something complicated, but really it's just a list of instructions that someone can follow to achieve a result. Lesson Plan | Teacher Video	Course 1 - Unplugged ... https://youtu.be/hrnhiKAQ1_k	• What is an algorithm? • How to explain algorithms to kids
Algorithms	**Move It, Move It** Course 1: Stage 2 (age 6+) This lesson will help students realize that in order to give clear instructions, they need a common language. Students will practice controlling one another using a simple combination of hand gestures. Lesson Plan | Teacher Video	Course 1 - Unplugged ... https://youtu.be/VGI2bnRFqzM	• My Robotic Friends • Fuzz Family Frenzy
Algorithms	**Real Life Algorithms: Plant a Seed** Course 1: Stage 6 (age 6+) In this lesson, students will relate the concept of algorithms back to everyday real-life activities by planting an actual seed. The goal here is to start building the skills to translate real-world situations to online scenarios and vice versa. Lesson Plan | Teacher Video	Real Life Algorithms - ... https://youtu.be/FHsuEh1kJ18	

Chapter 05

最もシンプルかつ強力な学習ツール「lightbot」

An introduction to "lightbot"

Section
01 lightbot とは

本章では、カナダのLightBot社が開発・運営しているプログラミングの学習サービス「**lightbot**」の概要や特徴、具体的な使い方を解説します。

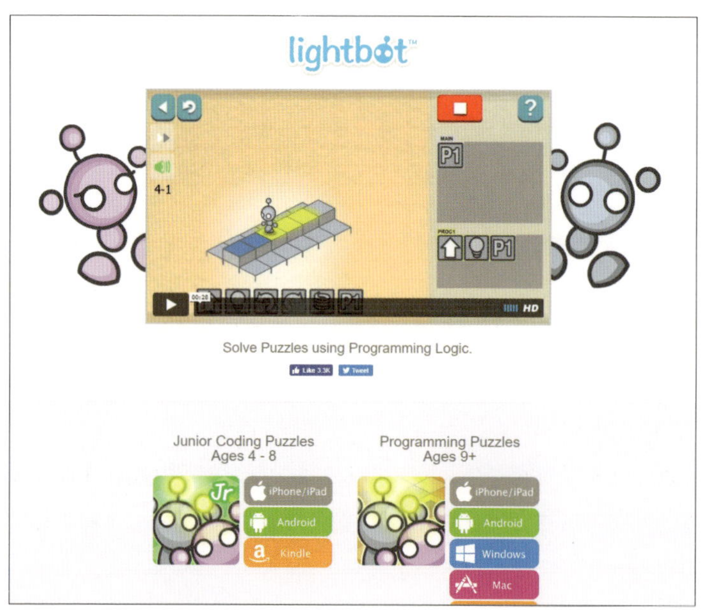

URL https://lightbot.com/

lightbot の特徴

lightbotは、プログラム言語を記述することなく、プログラミングに必要な考え方を**パズル感覚**で学ぶことができる学習サービスです。パズル感覚でプログラミングに必要な考え方を学ぶことができるため、低学年の子どもでも楽しめます(対象年齢は4歳以上)。もちろん、プログラミング未経験者の大人でも十分に楽しめる内容になっています。親子でいっしょに楽しむこともできますし、海外では lightbot を使ってプログラミング学習している学校もあります。

また、パソコンはもとより、**Android や iPhone/iPad のアプリとしても提供されている**ため、いつでも、どこでも思い立ったときにすぐ学習を開始できるというメリットもあります。各ステージも**5分程度でクリア**できるように設計されているため、飽きっぽい人やゲームが好きな人には特にお勧めです。日々忙しくてなかなか時間のとれない大人にも有効でしょう。

lightbot の学習の進め方

lightbot は、数あるプログラミング学習サービスのなかでも、**最もシンプルなサービスの1つ**です。操作画面も非常にわかりやすく、誰でもスムーズに学習を開始できるように工夫されています。ですので、はじめての人でも迷うことなく、直感的に操作することができます。このため、「**プログラミングに興味を持ってもらうきっかけ作り**」や「**プログラミング思考の基礎を養うためのツール**」としてもとても有効です。

また、ユーザー登録なしで学習をスタートでき、学習の進捗具合もステージをクリアするごとに自動的に保存されるので、気軽に学習を楽しむことが可能です。

具体的な操作手順については次項で解説しますが、学習の流れとしては、表示されるアドバイスにしたがって、かわいいロボットをゴールへと導いていくような内容の学習サービスです。

一見、プログラミングとは何の関係もないようなゲームですが、実際に操作を進めていくと、「**ループ(繰り返し処理)**」や「**条件分岐処理**」「**プロシージャ**[*1]」といったプログラミングの基礎をきちんと習得できます。

このため、これからはじめてプログラミングを学ぶ人の最初の第一歩として、lightbot を使用する人が増えています。lightbot は、2013 年のリリース以来、世界中で 700 万人以上が活用しており、アプリのユーザーレビューには好意的な評価が並んでいます。

● lightbot の学習画面

lightbot の種類

lightbot には有料版の「Junior Coding Puzzles」(約300円)と「Programming Puzzles」(約 350 ～ 600 円)の 2 種類があり、また無料で利用できる「Demo Puzzles」が用意されています。無料版と有料版の違いはステージの数(問題数)です。無料版は 20 ステージ、有料版では 50 もしくは 60 のステージが提供されています(執筆時点)。有料版の値段はステージ数、および利用するデバイスや OS によって異なるので、詳しくは lightbot のサイトで確認後に購入してください。

本書では無料で利用できる「Demo Puzzles」の使い方を紹介します。

※1 プロシージャ (procedure) とは、プログラミングにおいて複数の処理を 1 つにまとめたものです。

Section
02 lightbot でプログラミングの基礎を習得しよう！

ここでは無料で利用できる、lightbot のデモ版「Demo Puzzles」を使用して、lightbot の使い方を解説します。

なお、lightbot には PC 版とアプリ版の両方が用意されていますが、操作方法はどちらも同じなので、本書では PC 版を使って操作手順を解説していきます。

lightbot によるプログラミング学習

1 lightbot の Web サイト（https://lightbot.com/）にアクセスして、トップページの下部にある［Demo Puzzles］をクリックします❶。

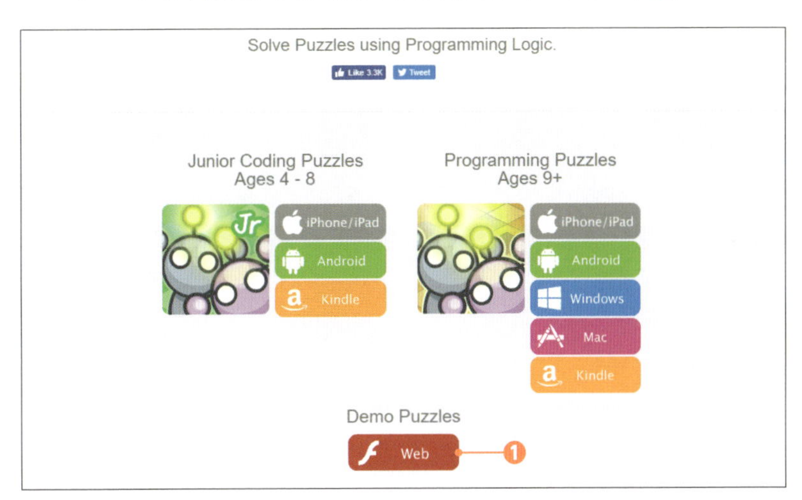

2 画面右上のアイコンをクリックして、対応言語を選択します。今回は［日本語］を選択しています❷。また、画面左上にある［Fullscreen］をクリックして❸、フルスクリーンにします。これですべてのメニューが

表示されるようになります。

画面をフルスクリーンにしたら画面中央の再生ボタンをクリックします❹。

3　矢印のアイコンをクリックして学習内容を選択します❺。lightbotでは最初からコンテンツを自由に選択できます。今回は［1：基本］を選択して、画面中央をクリックします❻。

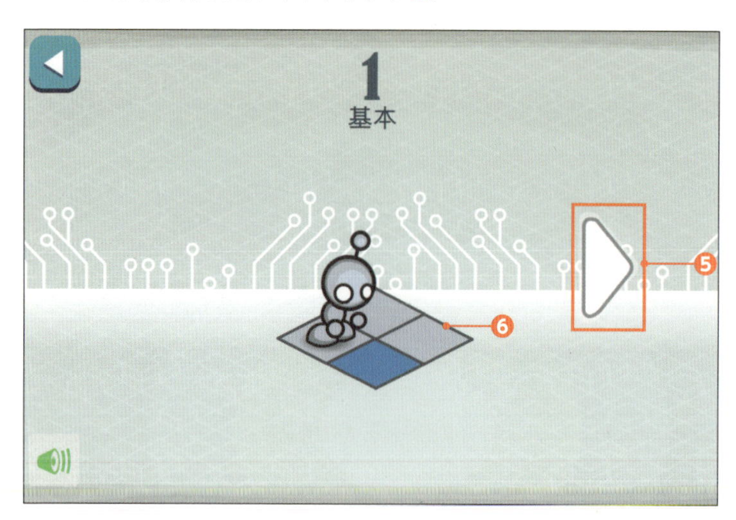

4 ［1］をクリックします❼。

5 学習がスタートします。心の準備が整ったら、画面内のどこかをクリック（またはタップ）します。最初のステージのみ［指先］のイラストが表示されて、何をどう操作するのかアドバイスしてくれます❽。［指先］の指示にしたがって操作してみてください。すぐにクリアできると思います。同じ要領でヒントを参考にしながらステージを進めていきましょう。

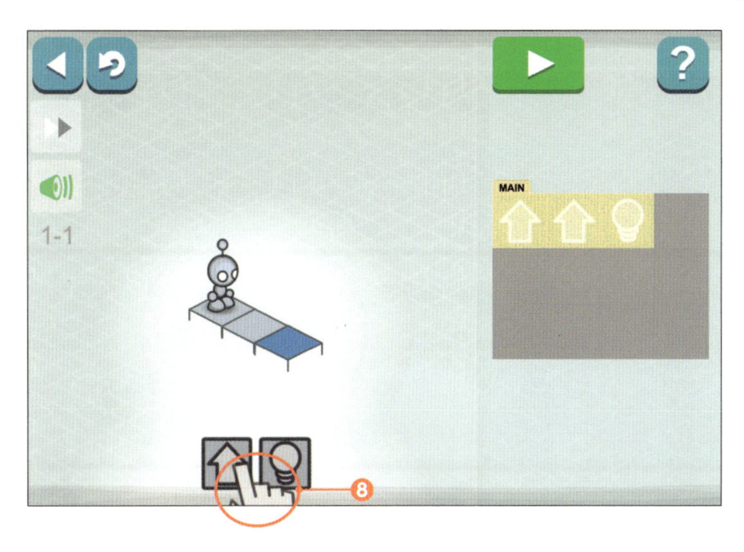

6 lightbotでは繰り返し実行する内容を［プロシージャ］として登録し、それを呼び出すことで処理を進める方法を学習できます。この点がlightbotのとても優れた点の1つです。
例えば、カテゴリ3の［Loops］の第5問目では下図のような問題が出題されます。この問題は［プロシージャ］と［ループ］（繰り返し処理）を使うことでクリアできます❾。［MAIN］エリアには［プロシージャ］を実行するためのブロック［P1］が1つだけ配置されています❿。

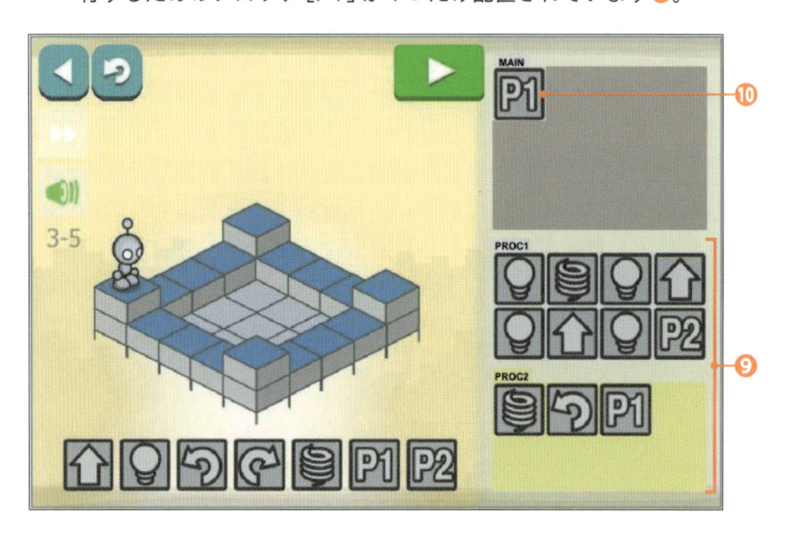

プログラミングの学習を進めていき、少しずつ高度な内容にチャレンジできるようになると、今度は「**いかに効率良く課題を解決するか**」がとても重要になってきます。同じ課題であっても、3つの処理でクリアできる人と、20の処理を組み合わせないとクリアできない人が出てくることもあります。

ですので、**なるべく学習の初期段階で、いかに少ない処理・手順で課題をクリアできるかを考えながら取り組むことをお勧めします**。そして、そうすれば、プロシージャ（関数）やループ（繰り返し処理）という考え方が、プログラミングにおいてどれほど大切であるかが実感できると思います。

Chapter 06

世界最高峰の叡智が作った「Scratch」

An introduction to "Scratch"

Chapter 06

Section

01 Scratch とは

本章では、世界で最も有名な「ビジュアル・プログラミング言語」の1つである「Scratch」の概要や特徴、具体的な使い方を解説します。

● Scratch

URL https://scratch.mit.edu/

Scratch の開発・運営元

Scratch は、**MIT（マサチューセッツ工科大学）**のメディアラボにある「ライフロング・キンダーガーテングループ」が開発・運営を行っているビジュアル・プログラミング言語の学習サービスです。

ライフロング・キンダーガーテングループは、「**電子制御されたおもちゃで遊ぶ子供は増えたけれども、その仕組みを理解する子供は少ない**」という、この当たり前の状況を変えようと、コンピュータ科学者でもある**ミッチェル・レズニック**が中心となって立ち上げたチームです。サービスの開始は2006年であり、この分野では最古参の1つです。

Scratchの特徴

Scratchは、**7歳以上**を対象に設計されている学習サービスです。子どもから大人まで、プログラミングの基礎を誰でも楽しく、かつ継続的に学習できるように、いろいろな工夫や仕掛けが施されています。また、すべてのコンテンツを**無料**で利用できます。ですので、これからはじめてプログラミングを学ぶという人には最適な学習サービスの1つといえます。

Scratchを使用するために、プログラミング言語の複雑な文法や高度な数学の知識を覚える必要は一切ありません。パソコンとインターネットがあれば、誰でもすぐにはじめることができます。

次ページの図のように、用意されている「**文字が書かれたブロック**」をゲーム感覚で組み立てていくだけで、画像処理や音声、計算、条件などを指定でき、ゲームやアニメーションなどを制作でき、その制作過程で**プログラミング・スキルの基礎**を習得できます。

また、アメリカ発のサービスですが、日本語にも対応しており、表示言語も「漢字」と「ひらがな」から選択可能です。「ひらがな」が用意されているのはこのサービスだけではないでしょうか。

そのため、日本国内でも広く利用されており、個人利用はもとより、学校やワークショップ、スクールなどでも利用されています。小学校の低学年でも使いこなせます。

● Scratch の作業画面

Scratch の学習の進め方

Scratch には次の2つの学習の進め方があります。

- 自分の力で一から プログラムを作る方法
- 他者が公開しているプログラムをコピーしてアレンジすることで、新しいプログラムを作る方法

Scratch の大きな特徴の1つとして、**世界中の Scratcher（スクラッチャー：Scratch の愛好家）が作成して一般公開しているプログラムを、誰もが自由にアレンジして楽しむことができる**、という点があります。Scratch の登録ユーザー数は 674 万人、プロジェクト数は 1,600 万以上となっています（執筆時点）。そのうちの多くが一般公開されています。

プログラムのすべてを一から作るのは大変ですが、既存の Scratch を上手に利用すれば、作業の手間を大幅に軽減できます。また、他者が作ったプログラムを見ることも、プログラミング・スキルを習得するうえでは非常に有効です。実現方法がわからない機能があった際などは、既存のプログラムの中身を見ることで「**なるほど、こういう仕組みで機能**

を実現しているのか」ということを直接確認できます。

実際に利用する際には、他者のプログラムもいろいろと参照してみてください。

Scratchの種類

Scratchは、現時点ではパソコンでのみ利用でき[*1]、オンライン版とオフライン版の2種類が用意されています。

● Scratchの種類

動作環境	利用方法
オンライン版	ブラウザを使ってインターネット上のScratchのサービスを利用する方法
オフライン版	Scratchソフトをパソコンにインストールして利用する方法

このように、Scratchには、オフラインの環境でも利用できるように、**無料の専用ソフト**が用意されています。また、オフライン版であっても、必要に応じてオンライン上のサービスに接続することも可能です。

Scratchを利用するために必要なパソコンのスペックも低く、必要なメモリサイズは、オンライン版・オフライン版ともに**100～200MB程度**です。また、画面サイズは13インチ以上が好ましく、画面解像度1024×768以上が推奨されています。最近のパソコンであればまったく問題なく利用できるのではないでしょうか。

＊1　以前はスマートフォンやタブレットで利用できるバージョンも存在しましたが現在はなくなっています。今後復活する可能性もあるので、興味のある方は動向をウォッチしておいてください。

COLUMN

タブレットで使える「ScratchJr」

本家の Scratch はパソコンでしか利用できないサービスですが、iPad や Android のタブレットでも使える簡易版の「ScratchJr」(スクラッチ・ジュニア)という姉妹サービスもあります(無料)。

機能的には Scratch のほうが優れているのですが、iPad やその他のタブレットで学習を進めてみたい人は検討してみてください。なお、Scratchjr の対象年齢は 5 歳以上となっています(Scratch は 7 歳以上)。

● ScratchJr

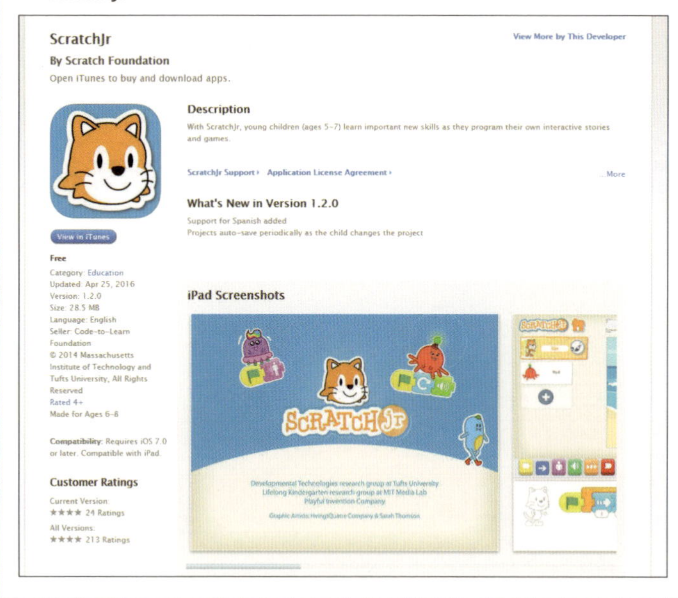

Section 02 はじめてのScratch ～アカウントの登録～

それでは実際にScratchを操作して、プログラミングの学習をはじめていきましょう。次の手順にしたがって操作を進めてみましょう。

アカウントの作成

1 最初にScratchにアカウントを作成します。Scratchのサイト（https://scratch.mit.edu/）にアクセスして、画面右上の［Scratchに参加しよう］をクリックします❶。

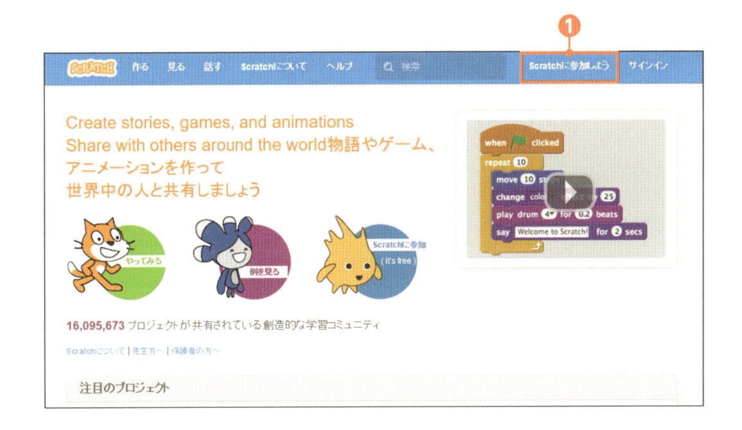

［POINT］ ユーザー登録のススメ

アカウントを作成しなくてもScratchは利用できますが、アカウントを作成しないと、制作したプログラムを保存できません。ですので、最初にアカウントの作成（ユーザー登録）を行うことをお勧めします。また本書第8章ではScratchを使って1つのゲームを作ります。その際にはScratchのアカウントが必要になります。

2 Scratch で使用する「ユーザー名」と「パスワード」を設定します❷。ユーザー名とパスワードには漢字やひらがなは使用できません。英数字で指定します。入力したら [次へ] をクリックします❸。

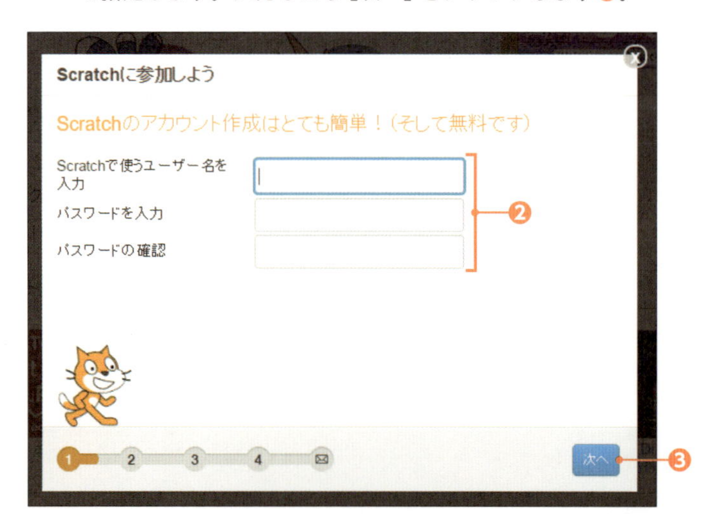

3 生まれた年と月、性別、出身国を設定します❹。出身国は Scratch 上で公開される情報となります。各項目を設定したら [次へ] をクリックします❺。

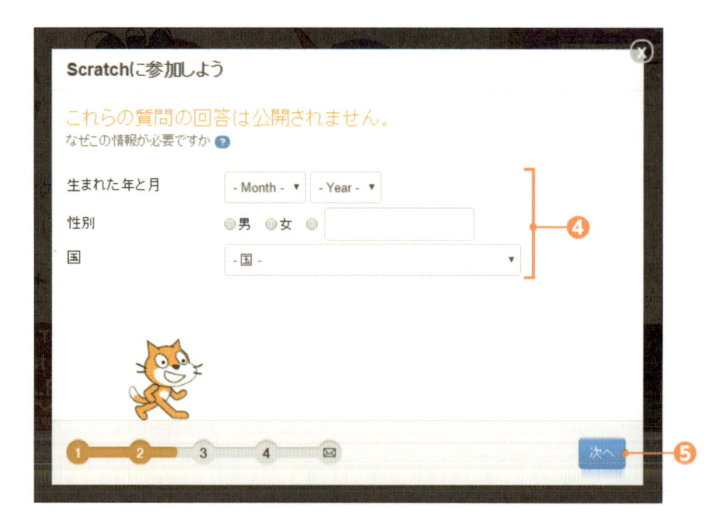

4 Scratchで使用するメールアドレスを登録します❻。ユーザー登録がきちんと本人によって行われているかが、メールでチェックされています。メールアドレスを設定したら［次へ］をクリックします❼。

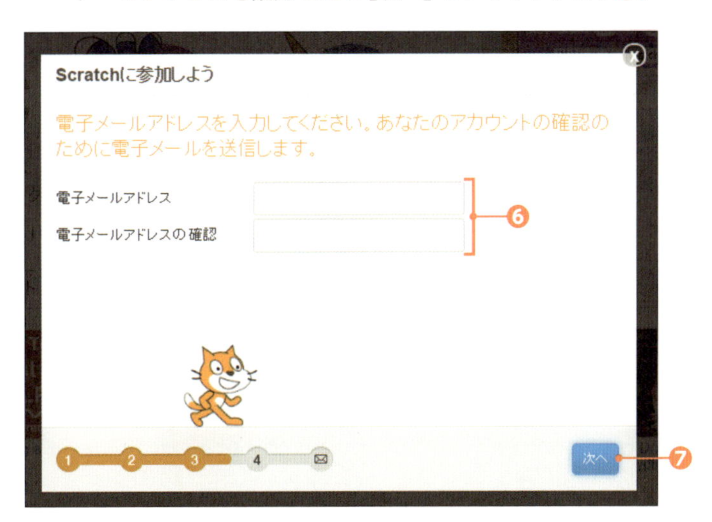

[POINT] あなたが12歳未満の場合

ユーザー登録を行った人が12歳未満の場合は、両親もしくは保護者のメールアドレスを入力する必要があります❽。登録したら［次へ］をクリックします❾。

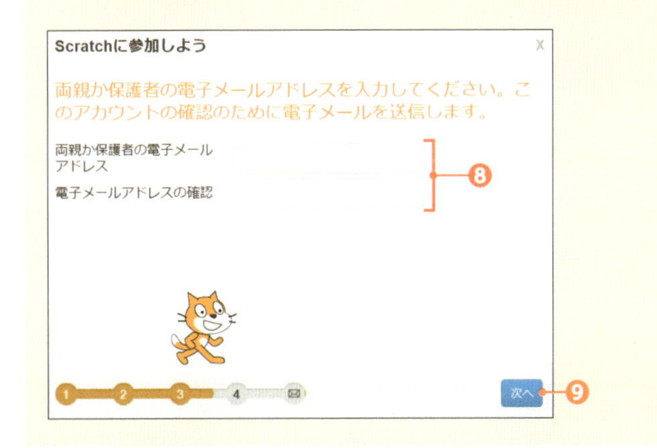

5 [さあ、はじめよう！]をクリックしてください⑩。

6 Scratch のトップ画面に戻りました。この時点ですでに、先ほど登録したユーザーでログインは完了していますが、ユーザー確認が終わっていません。登録したメールアドレスを開き、Scratch から送られてきているメールを開き、確認用のリンクをクリックします⑪。これでアカウント登録が完了し、作成するプログラムを Scratch 上に保存できるようになります。

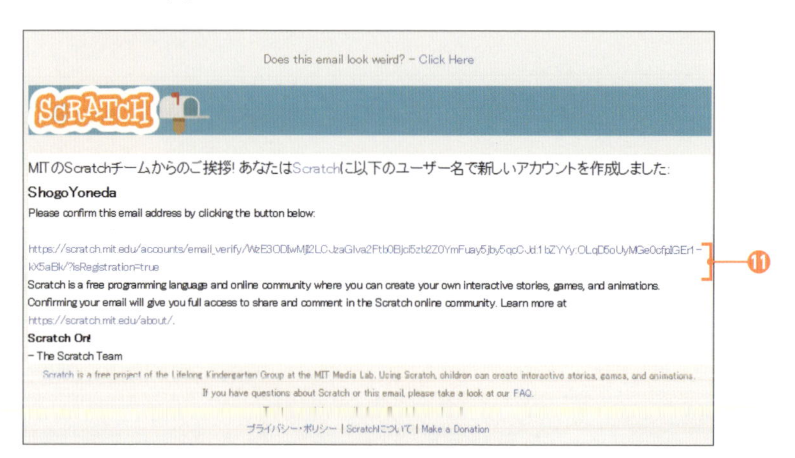

Section

03 Scratchの画面構成と基本操作

それでは実際にScratchを操作して、簡単なプログラミングを行ってみましょう。

なお、Scratchの具体的な操作方法については、第8章（p.147）で詳しく丁寧に解説します。そのため、本項では主にScratchの画面構成と基本的な操作手順のみ紹介します。詳しくは第8章を参照してください。

Scratchの画面構成

1 Scratchのトップ画面は以下のような構成になっています。画面中央には「はじめての人向け」のチュートリアルがいくつか用意されています❶。今回は画面上部にある［作る］をクリックします❷。

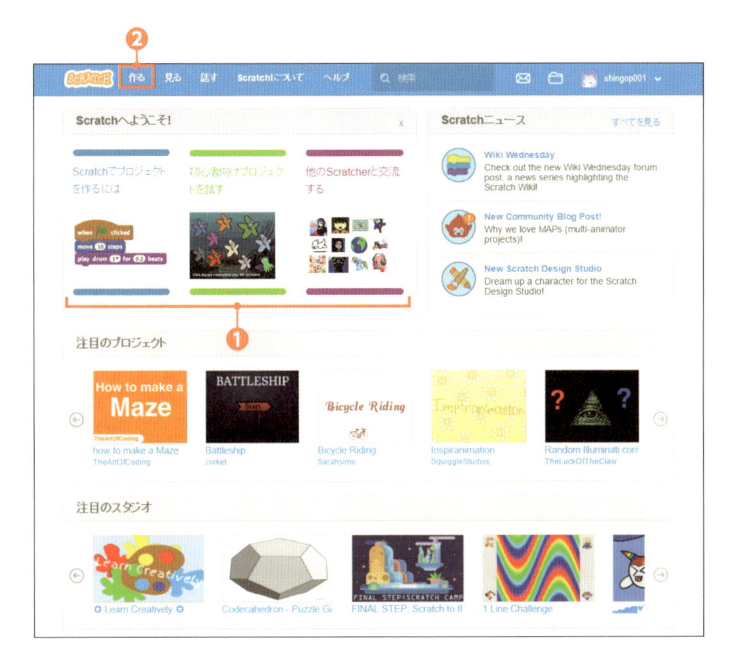

[POINT]　Scratch のさまざまな機能

画面上部にある［見る］をクリックすると❸、世界中のユーザーが制作し、Scratch 上で公開しているさまざまなプログラムを見ることができます。また、［話す］をクリックすると❹、制作者（スクラッチャー）同士のコミュニティ（掲示板）が表示されます。ここには世界中から寄せられた質問や回答が蓄積されています。ただし、コミュニティに掲載されている記事の多くは英語で書かれています。

● ［見る］をクリックしたときに表示される作品群

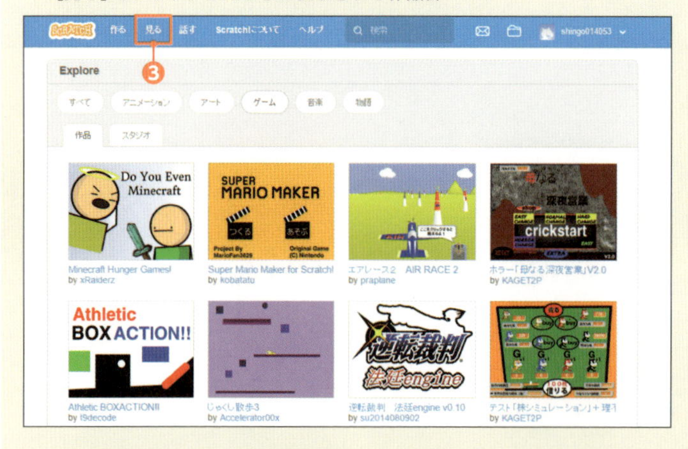

● ［話す］をクリックしたときの画面

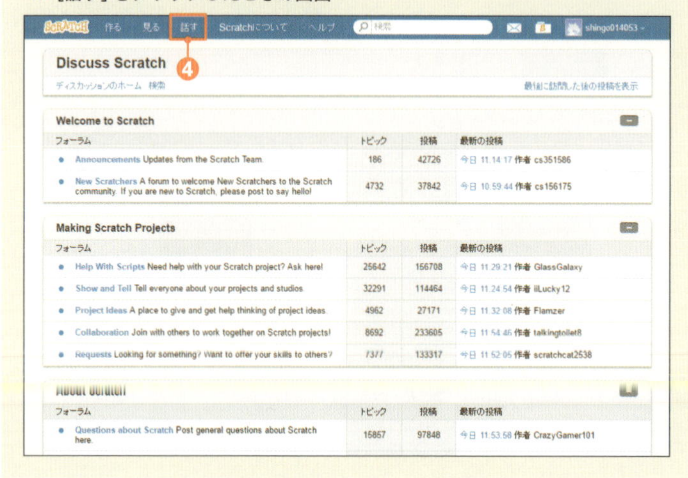

2 Scratchのトップ画面で[作る]をクリックすると、下図の「プロジェクトエディター」が表示されます。この機能を使ってプログラミングを学んでいきます。まずはこのプロジェクトの名前を入力しましょう❺。名前は何でも構いません。「MyFirstProject」などでもよいです。

3 プロジェクトエディターの画面構成は、大きく以下の4つに分けることができます。

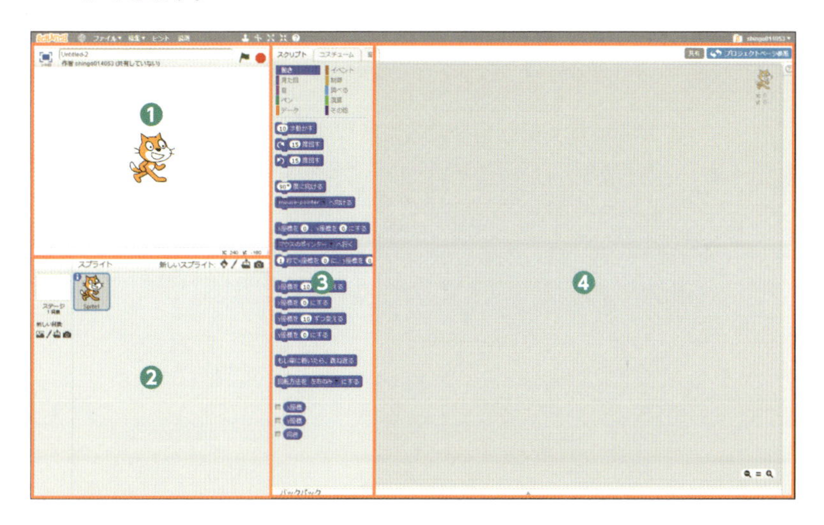

● プロジェクトエディターの画面構成

番号	名称	説明
❶	ステージ	プログラムした内容が表示されるエリア
❷	スプライト	プログラム上で使用するキャラクターや背景、アイテムなどの絵柄を表示・登録するエリア。Scratch ではプログラム上で使う絵柄のことを「**スプライト**」という（p.157）
❸	ブロックパレット	スプライトに対する命令のリストが配置されているエリア。各命令がブロックとして用意されている（命令ブロック）。命令ブロックはその種類によって「動き」「見た目」「音」「イベント」などに分類されている（最上部で切り替えられる）
❹	スクリプト	命令ブロックを配置するエリア。ブロックパレットからドラッグ&ドロップすることで命令を組み立てていく

プログラムを書いて動かしてみよう！

それでは実際にScratchを操作してみましょう。ここからがビジュアル・プログラミング言語の醍醐味です。一般的なプログラミング言語特有の複雑な「文法」を覚えることなく、プログラミングを進めることができます。

ここではScratchの基本的な操作手順を体験してもらうことを目的とするため、シンプルなプログラムを作ります。ぜひ実際に手を動かしていっしょに操作してください。

1 ステージが真っ白では味気ないので最初に背景を変更します。[スプライト]エリアにある[ライブラリーから背景を選択]をクリックします❶。

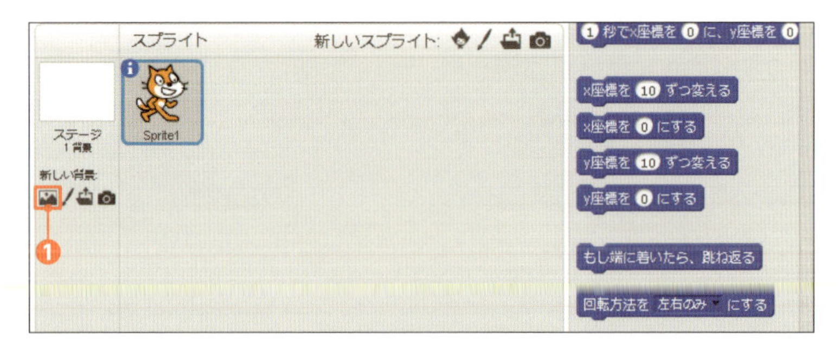

2 Scratchにあらかじめ用意されている背景一覧が表示されるので、今回は［自然］カテゴリを選択し❷、［desert］を選択して❸、［OK］をクリックします❹。

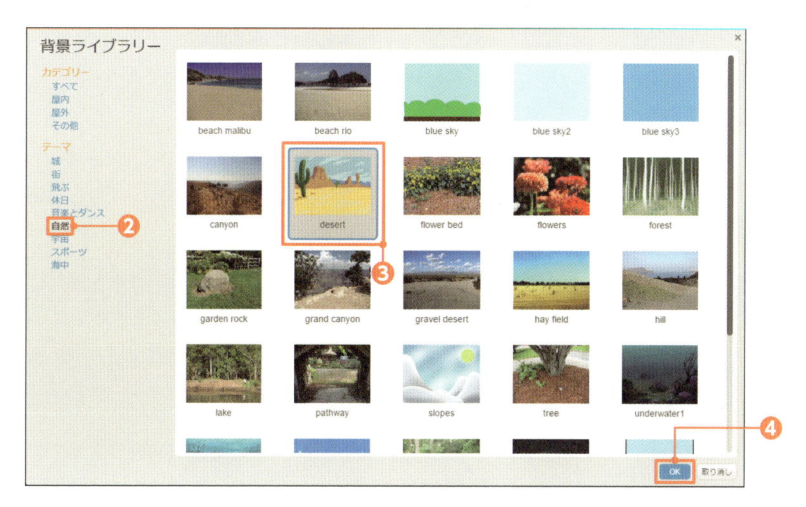

3 背景が変更されて下図のようになります❺。これで下準備は完了です。

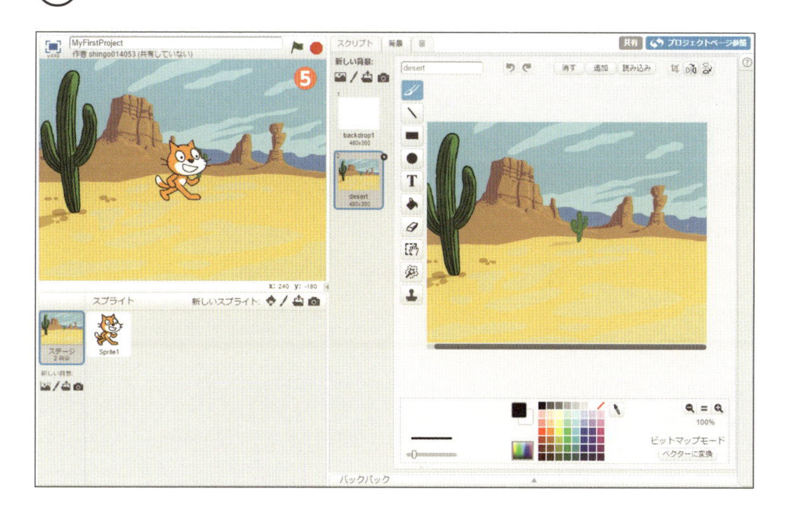

[POINT] 背景の種類

今回はScratchに用意されている[desert]という名前の背景を設定しましたが、Scrtatchでは、みなさんの手元にある画像ファイル（写真やイラストなど）を設定することも可能です。また、Scratch上で背景を描画することも可能です。

4 次の手順を順番に操作します。

1. [スプライト]エリアでScratch Catをクリックして選択する❻
2. [スクリプト]タブを選択する❼
2. [イベント]を選択する❽
3. がクリックされたとき を選択して、[スクリプト]エリアにドラッグ&ドロップする❾。これで、ステージ上部にある をクリックすると❿、これから追加する処理が実行されるようになる

memo

Scratchの画面上には、たくさんのアイコンや機能が用意されているので、慣れないうちはよくわからない場面もあるかもしれませんが、安心してください。本書の解説の通りに1つずつ操作していけばすぐに操作に慣れると思います。

次の手順を順番に操作します。

1. ［動き］を選択する⑪
2. 「10 歩動かす」を「がクリックされたとき」の下にドラッグ＆ドロップして⑫、ブロックを組み合わせるように配置して、「10」を「150」に変更する⑬（必ず半角数字を入力する）。これでScratch Catが「150歩」動くようにプログラムされた
3. ［見た目］を選択する⑭
4. 「Hello! と 2 秒言う」をドラッグ＆ドロップで下図のように配置する⑮

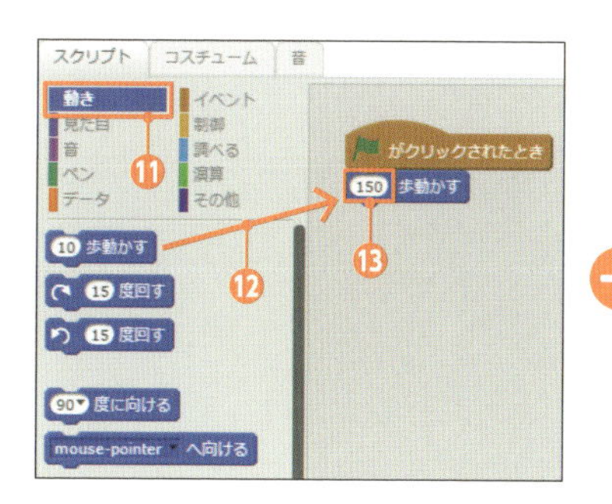

6 ここまでの手順でいったん完了です。Scratchのプログラムを実行するには［ステージ］エリアの上部にある🏴をクリックします⑯。クリックすると、Scratch Catが右方向に移動して「Hello!」ということが確認できます⑰。

いかがでしたでしょうか。問題なく上図のようにプログラムは成功したでしょうか。なお、Scratch Cat が動かなかった人は、歩数の数字を**半角数字**で入力しているか今一度確認してください。必ず半角数字で入力することが必要です。

[POINT] 実行したプログラムを元に戻す方法

をクリックして実行した Scratch のプログラムを、元の状態に戻すには、Scratch の最上部にあるメニューから[ファイル]→[直ちに保存]を選択してプロジェクトを保存したうえで⑱、ブラウザの画面を更新(再読み込み)します。

これで人生で最初の Scratch のプログラミングは完成です。いかがでしたでしょうか？　「思ったより簡単」と感じた人もいれば、「こんなことをするだけで、こんなにたくさんの操作をしないといけないのか」と思った人もいるかもしれません。

プログラミングを学ぶことのメリットは、現時点ではまだまだ全然享受できていません。やっと入口の前に立った状態です。しかし、そのことがとても大切です。この最初の一歩からすべての道ははじまります。ぜひ歩みを止めず、進み続けてください。第８章ではもう少し高度なプログラミングに挑戦します。

Chapter 07

コード入力による制御・処理を学べる「CodeMonkey」

An introduction to "CodeMonkey"

Chapter 07

Section

01 CodeMonkey とは

本章では、イスラエルのソフトウェア・ゲーミング会社「CodeMonkey Studios ltd.」が開発・運営しているプログラミングの学習サービス「**CodeMonkey**」を紹介します。

● CodeMonkey

URL https://www.playcodemonkey.com/

CodeMonkey の特徴

CodeMonkey は「**今まで一度もプログラミングしたことのない人でもゲームを進めるうちに自然とプログラムを記述できるようになるゲームサービス**」です。英語、日本語、中国語、フランス語など 15 カ国語以上の言語に対応しています。パソコンでのみ利用できるサービスですが、一人でも楽しめますし、複数人で一緒に学ぶこともできます。海外では学校の授業でCodeMonkeyを採用しているところも増えてきており、9歳から16歳の生徒を対象に使われています。

このサービスと、これまでに紹介してきたHour of Code、lightbot、Scratchとの最大の違いは、他の多くの学習サービスがブロックやアイコンといった疑似的なパーツを用いて学習を進めるのに対して、**CodeMonkeyでは実際に簡易的なプログラムを入力することで学習を進めていきます**。使用するプログラミング言語は「**CoffeeScript**」と呼ばれる学習用の簡易プログラミング言語です。

CodeMonkeyで人生最初のプログラミング

本書で解説してきた流れで実際に学習を進めてきた読者にとっては、「プログラミング言語を書く」という行為を、CodeMonkeyで初めて体験することになるかもしれません。**ここでいう「プログラミングを書く」とは「文字列を入力する」という意味です**。

CodeMonkeyでは、簡易的とはいえ、CoffeeScriptという実存するプログラミング言語を用いて各ステージの課題に取り組むため、これまでに紹介してきた他の3つのサービスよりも若干、学習のハードルが高いと感じる人もいるかもしれません。

でも安心してください。CodeMonkeyでは、プログラミングの知識や専門の取扱説明書がなくても各ステージを円滑に進められるよう、ステージごとに適切なアドバイスが表示されます。また、誤ってしまったときにもきちんとフォローしてくれるので途中で挫折することなく学習を進めることが可能です。

● CodeMonkeyのステージ画面

CodeMonkeyは、プログラミング的思考方法や課題に対する考え方といった「**設計**」の力と、実際にプログラミングを行うという「**開発**」の力を、**極めて初歩的な段階から同時に学習していけるサービス**ともいえます。CodeMonkeyの公式サイトには次のように説明されています。

> 簡単そう？　実は奥が深いんです。
> CodeMonkeyのルールはとっても簡単です。プログラミングを通じてモンタに指示を送り、無事にモンタがバナナをゲットできればミッションクリアです。
> しかしまっすぐ歩けばバナナにたどり着けるとは限りません。茂みに道を阻まれることもあれば、野良ネコに追いかけられることもあります。バナナがいつも同じ場所で待ってくれるとは限りません。いたずらネズミがバナナを持って逃げてしまうかもしれません。
> オブジェクト、変数、配列、FORループ、UNTILループ、IF ELSE文、ブーリアン、AND/OR、関数などを学びながらあの手この手でバナナをゲットしましょう！
> 出所 http://codemonkey.jp/

そのため、対象利用者の年齢も他のサービスより若干高く、中学生以上を対象に構成されています（他のサービスは4、5歳以降を対象にしています）。ですので、大人でも十分にやりがいのある内容になっています。

一方で、プログラミングに対して十分なアドバイスやサポートが提供されるため、初心者であっても、学習をはじめてから30分もすれば、ほとんどの人がプログラミングに対する抵抗感がなくなっていき、プログラムのコツをつかんでいけます。主人公のお猿さんの動きや友達のカメの登場など、ストーリー性もあるので世界中で多くの人がハマっています。

CodeMonkeyの料金プラン

CodeMonkeyには、次の3種類の料金プランが用意されています。

- 無料プラン
- 有料プラン
- 教育機関向けプラン

個人で利用する場合は、**30ステージまでは無料**で利用でき、それ以降は有料プランのユーザーのみが利用できるようになっています。

有料プランの料金は年間5040円です（執筆時点）。有料プランに登録すると、すべてのステージを利用できます（執筆時点では300ステージ）。また、有料プランの場合は、オンラインサポートを受けることも可能になります。

教育機関向けプランは生徒数に応じて年会費が変動します。詳しくはCodeMonkeyの公式サイトで確認してください（執筆時点では年間90ドルから999ドルで利用できると記載されています）。

Chapter 07
Section 02

CodeMonkeyではじめてのプログラミング

前項で解説した通り、CodeMonkeyには有料プランも用意されていますが、基本的な操作方法は有料プランも無料プランも同じなので、本章では無料プランを例にCodeMonkeyを用いたプログラミングの学習方法を解説します。

CodeMonkeyによるプログラミング学習

1 パソコンのブラウザからCodeMonkeyのサイト（https://www.playcodemonkey.com/）にアクセスして、[スタート]をクリックします❶。

memo
CodeMonkeyでは、自分がクリアしたステージをfacebookやtwitter、メールなどで友人とシェアすることができます。友人同士で競い合うことでより一層学習意欲が増す人も多いようです。

2 学習がスタートします。CodeMonkeyの画面は大きく「**課題ゾーン**」と「**プログラミング・ゾーン**」の2つに別れています。左半分が課題ゾーンで、右半分がプログラミング・ゾーンです。プログラミング・ゾーンに、お猿さんがバナナを獲得するためのコードを記述します。

3 最初に表示される「チャレンジ No.0」はすでに解答が記入されています❷。[RUN]をクリックして❸、プログラムを実行すると課題が成功します。
このことから、「step〈数字〉」を書くと、書いた数だけお猿さんが歩くことがわかると思います。これが最初のプログラミングです。

4 課題をクリアすると、次のような画面が表示されます。

memo

画面中央の★★★は、記述したプログラムの評価です4。ステージを進めていくと、★が2つ、または1つしか表示されないときもあります。これは「記述したコードは間違いではないけれども、もう少しスマートなコードでもクリアできるよ」という意味です。

5 各ステージをクリアし、進めていくと「チャレンジ No.3」ではお猿さんを回転させるプログラムが登場します。「turn left」と書くとお猿さんが左を向き5、「turn right」と書くと右を向きます。

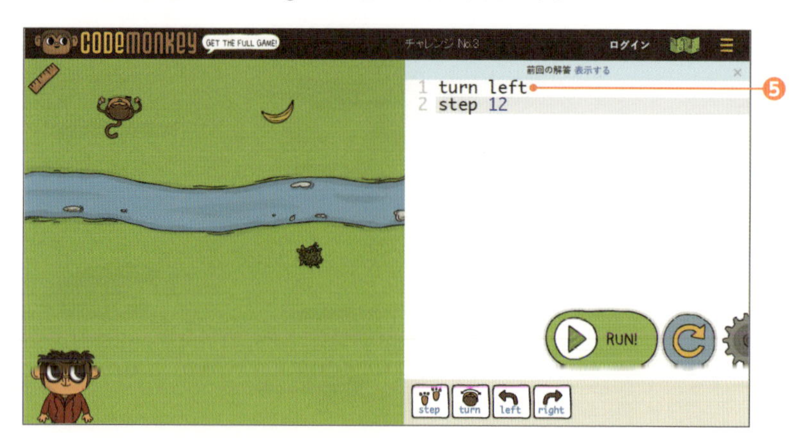

6 今回の課題では、バナナはお猿さんの右側にあるので、既存の「turn left」を「turn right」に書き替えればクリアできそうです❻。変更後、[RUN]を押してみてください。

7 ステージが進むにつれて徐々にコードが複雑に、そして長くなってきます❼。１つずつきちんと理解しながら進んでいくことが大切です。

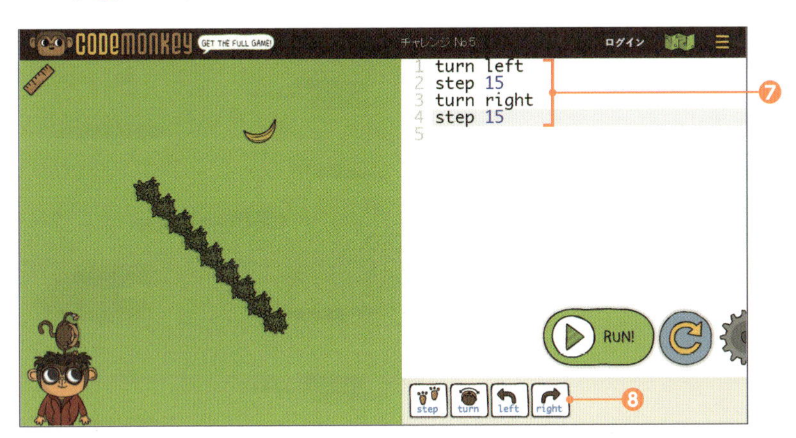

memo

CodeMonkeyでは、プログラムの文字列を、キーボードから直接入力する方法に加えて、画面下部のボタンから入力する方法も用意されています❽。キーボードから入力する方法ではタイプミスの可能性がありますが、アイコンをクリックする方法ではタイプミスは発生しないので、適宜便利なほうを使ってください。

8　さらにステージが進むと、お猿さんの友だちのカメも登場します。カメを動かすにはどうしたら良いでしょうか。また、1画面上に複数のバナナが表示された場合に、それらを区別することが必要ですが、どのようにして区別すれば良いでしょうか。それらはぜひ、実際にCodeMonkeyを試しながら学習してください。

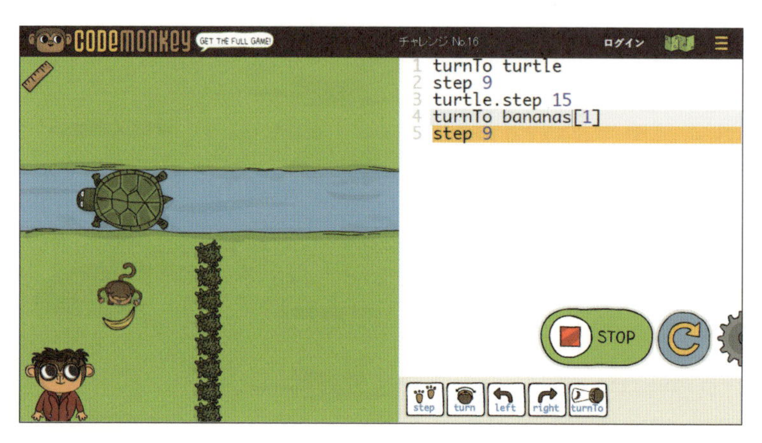

CodeMonkeyは、見た目がとてもやさしいため、「簡単すぎるのでは？」と思う人もいるかもしれませんが、侮ってはいけません。後半になればなるほど、プログラミングに必要なさまざまな要素が出てきて、きちんと理解しながらでないとクリアできなくなっていきます。

一方で、新しい機能が登場する際は、とてもわかりやすい解説が表示されるので、きちんと1つずつ理解していけば、確実に実力となって身につきます。**プログラミングで書いた文字と、実際のアニメーションの動きの関係性をきちんと理解することは、プログラミングの基本を理解するうえで必要不可欠です**。

世界のプログラミング教育の現状

本書執筆時点で、何らかの形で実際にプログラミング教育が実施されている国は、**96カ国**にも上ります(世界195カ国)＊1。つまり、プログラミング教育の内容や質に違いはあるものの、**世界の約半分の国ですでにプログラミング関連の教育は行われている**といえます。

●アメリカはプログラミング教育が最も盛んな国の1つ

IT先進国のアメリカは、最も盛んにプログラミング教育が行われている国の1つです。現時点では「義務教育化」こそまだ実現されていませんが、半面、プログラミング教育の推進を進めるNPO団体「Code.org」(https://code.org/) (p.70)を筆頭に、さまざまなオンライン学習サービスや、短期間でプログラミングを身につけられるキャンプなどが各地で開催されており、大人・子ども問わず、多くの人が積極的にプログラミングを学んでいます。

アメリカのプログラミング教育には、2016年にオバマ大統領が掲げた主力政策の1つ「**Computer Science for All**(すべての人にコンピュータ・サイエンスを)」による強力な後押しもあります。コンピュータ・サイエンスを学校の正式科目とするために40億ドルの予算請求をし、まずは2017年に4,000万ドルの予算を付けることを計画しています＊2。

＊1　「諸外国におけるプログラミング教育に関する調査研究(文部科学省平成26年度・情報教育指導力向上支援事業)」(http://jouhouka.mext.go.jp/school/pdf/programming_syogaikoku_houkokusyo.pdf)

＊2　The WHITE HOUSE (https://www.whitehouse.gov/)

そして、このオバマ大統領の声明に合わせて、IT 企業各社もキャンペーンを打ち出しています。例えば、Microsoft 社は「**Make CS Count キャンペーン**」に 7500 万ドルを拠出し、Cartoon Network 社は独自のキャンペーンに 3000 万ドルを拠出することを決定しています[*3]。

アメリカに導入されているプログラミングの教育環境は、州や学校によってさまざまですが、1 つの指標として、**アメリカ国内の公立学校では生徒 1 人にパソコン 1 台が付与されています**。学校支給の PC を自宅に持ち帰ることが可能な学校もあります。

ちなみに、日本の公立学校のパソコン 1 台あたりの生徒数は **6.5 人**です。この差はプログラミングを学ぶうえで大きいと感じずにはいられません。

●イギリスもプログラミング教育に注力中

現在、スタートアップ企業が爆発的に増加しているイギリスは、国として IT の世界でトップを目指しているので、プログラミング教育が政策課題として議論されています。

世界に先駆けて、2014 年 2 月にロンドンで行われたカンファレンスでは、教師に対するプログラミングの教育訓練事業を開始することを発表し、その事業に 50 万ポンド（約 8,500 万円）を投入しました。

2014 年 9 月から 5 歳～ 16 歳の義務教育の新カリキュラムに「プログラミング」が正式導入されました。

イギリスがプログラミングやコンピュータ・サイエンスを子どもに学習させる目的は次の 2 点です。

①デジタル社会にスムーズに溶け込めるようになってもらうため
②プログラミング・スキルで世の中をもっとよくするアプリやソフトを考案してもらうため

---

*3 The WHITE HOUSE（https://www.whitehouse.gov/）

授業では主に、テキストと学習教材を用いて授業が行われます。具体的なカリキュラムの内容は細かくは決められておらず、現場サイドに一任されていますが[*4]、基本的には、プライマリースクール（低学年）では体験型のプログラミング学習教材「Bee-Bot」（https://www.bee-bot.us/）やビジュアル・プログラミング言語「lightbot」（p.73）を使ってアルゴリズムの基礎を学びます。

また、セカンダリースクール（高学年）になると専任教員がつき、「Raspberry Pi」（シングルボードコンピュータ）などを使って、回路やプログラムを理解したり、コンピュータのシステムを学習します。

● Bee-Botを用いた学習風景

©www.ocg.at_alt（https://www.flickr.com/photos/ocg-galerie/8634763450/）

＊4 「Computing in the national curriculum」（http://www.computingatschool.org.uk/data/uploads/CASPrimaryComputing.pdf）（UKのComputingに関する教育カリキュラム）

●エストニアのプログラミング教育事情

エストニアは「**バルト海のシリコンバレー**」と称されるほどのIT大国です。Skypeを生んだ国としても有名です。

エストニアには資源が少なく、人材が重要な資源の1つであるため、情報産業で勝つしかありません。そのため、プログラミング教育にも非常に積極的です。

エストニアでは、1991年のソビエトからの独立後、IT国家としての地位を獲得すべく、学校へのITインフラ、パソコンの整備を進め、2012年に「**Proge Tiiger**」という教育プログラムを開始しました。

教育プログラムの内容は、ベーシックスクール（7～15歳）では**Scratch**や**lightbot**、または**LEGO Education**などを用いたロボットプログラムです。これらを用いて**プログラミング思考**を養います。本書の第2部の内容と近いイメージです。

アッパーセカンダリースクール（15～18歳）では、本格的なプログラミング言語であるJavaやPython[*5]などを学びます（選択制）。

＊5　JavaやPythonといった本格的なプログラミング言語については本書のPart 3（第3部）で紹介します。

Part 3

「プログラミング」の全体像を理解する

A complete view of programming.

Chapter 08

１つのプログラムを最初から最後まで作ってみよう！

Making your first program from scratch.

Chapter 08

Section

01 Scratchで○×ゲームを作る

本章では、Scratchを使って、**プログラムが何も書かれていない白紙の状態**から「○×ゲーム」を作っていきます。**この体験はとても大切です。**この体験をすることで、「プログラミング」という作業の**全体像**をしっかりと把握できると思います。

今回作る○×ゲームには、入門者が学ぶべき重要事項をすべて含めています。またそれと同時に、プログラミングをする際に考えなければならないことや、プログラムの設計・開発の流れ、機能の実現方法なども習得できます。ぜひ楽しみながら、しかし一方では**しっかりと考えながら**、本章を読み進めてみてください。

● 本章で制作する○×ゲーム

○×ゲームとはどんなゲームか

○×ゲーム（三目並べ）は、多くの人にとってお馴染みのゲームだと思いますが、簡単にゲームの概要を説明します。

○×ゲームは、2人のプレーヤが3×3の格子上に交互に○と×を書き込んでいき、先に縦・横・斜めのいずれかの方向に同じマークを3つ並べれば勝ち、というシンプルなゲームです。

言葉で説明するよりも実際にプレイしたほうがわかりやすいと思うので、プログラミング作業に入る前に一度プレイしてみましょう。ただし、ただ単に遊ぶのではなく、「**どうやったら実現できるのかな**」「**どういった機能が必要かな**」などを考えながらプレイしてみてください。

1 ブラウザを起動して以下のページにアクセスします。すると、○×ゲームの画面が表示されるので、画面中央の緑色の旗をクリックします❶。

URL https://scratch.mit.edu/projects/119349162/

2 以下の画面になったらゲーム開始です。なお、今回のゲームはコンピューターとの対戦ではなく、2プレイヤー(人間対人間)のゲームを想定しています。ご友人やご家族と交互に○×を書き込んでゲームをプレイしてください。
画面左上に現在のターンが表示されています❷。9つのマス目のいずれかをクリックしてください❸。

3 マス目をクリックすると、そこに×印が書き込まれます❹。また、画面左上が○に切り替わります❺。つまり、今度は○のターンです。

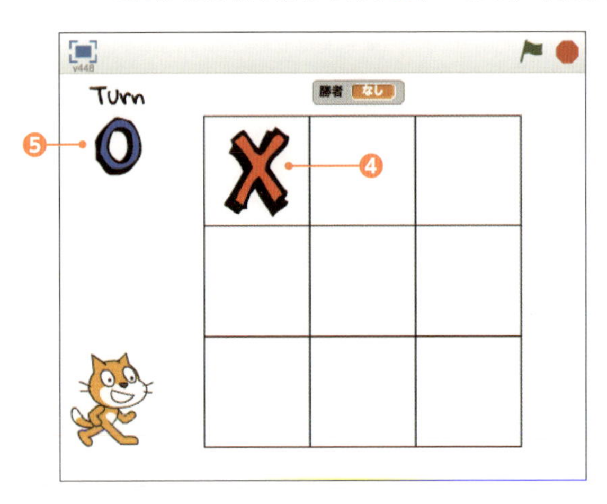

4 ゲームを進めていくと以下のようになります。以下の場合、勝者は×印です（左上から右下に向かって、斜めに3つ並んでいる）。画面上部に「勝者：ばつ」と表示されます❻。このように、勝者を自動判定できるようなプログラムを作っていきます。

5 引き分けの場合は「勝者：なし」と表示されます❼。

6 ゲームをリセットするには、画面右上の緑の旗をクリックします❽。

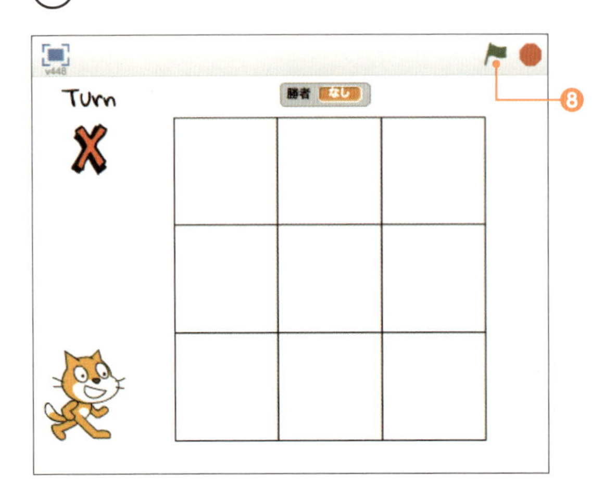

さて、実際にプレイしてみていかがでしたでしょうか。このゲームをこれから実際に作っていきますが、現時点でこのゲームを形にするための仕組みについてアイデアはお持ちでしょうか。

ゲーム自体はとても単純で、すぐにでも作れそうですが、実際に作るとなると考えなければならないことがたくさんありそうです。これから一緒に考えていきましょう。

[POINT] 正解は1つではない

このゲームを実現する方法は1つではありません。無数にあります。同じゲームであっても、その作り方（プログラムの内容）はエンジニアの数だけあるといっても過言ではありません。

本章ではそのうちの1つとして、筆者の作り方を紹介しますが、完成後にみなさん自身がより良い別の実現方法を思いついたならば、ぜひそれを実際にプログラミングして形にして、公開してください。

Section
02 ○×ゲームを作るための準備

○×ゲームに必要な機能は何かを考える

○×ゲームに必要な機能を考えていきましょう。主に次のような要素や機能が必要であったと思います。

- 3×3マスの9つのボックス（エリア）が必要
- ゲーム開始ボタン（緑の旗）を押すと、すべてがリセットされる
- 最初は必ず×からはじまる
- ×のターンでいずれかのボックスをクリックすると、そのボックスに×が表示される
- ×のターンと○のターンが交互に入れ替わる
- 下図のように、勝つ方法は8パターンある。それ以外の場合は引き分けになる

● ○×ゲームで勝つための配置パターン（8パターン）

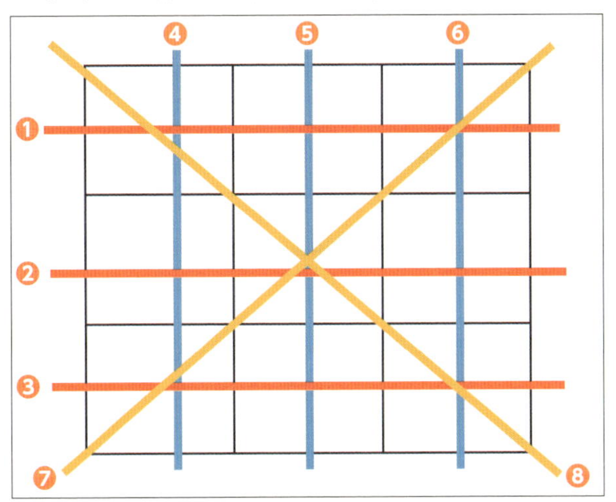

〇×ゲームを作るには、上記のすべて要素と機能をプログラミングして作る必要があります。現時点ではどうやって作っていくのかわからない人も多いと思いますが、安心してください。必ず全員が完成できるように、1つずつ丁寧に解説していきます。

素材の準備

今回制作する〇×ゲームの素材を、みなさん自身のScratch内に取り込みます。

1 以下のURLにアクセスして「三目並べの素材」ページを開き❶、[中を見る]をクリックします❷。

URL https://scratch.mit.edu/projects/119851204/

2 上記のプロジェクトの中身が表示されます。今回はプロジェクトの中身を見ることではなく、この素材をみなさん自身のプロジェクトに取り込むことが目的なので、[リミックス]をクリックします❸。

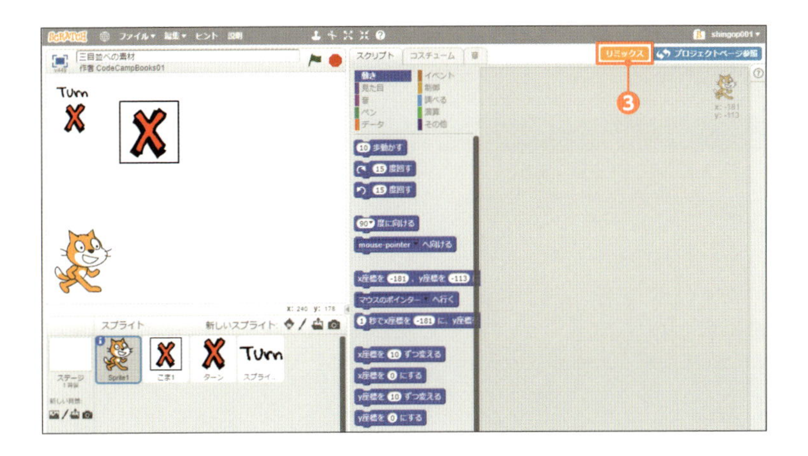

3 確認画面が表示されるので［OK, Got it.］をクリックします❹。

4 すると［リミックス］ボタンが［共有］ボタンに切り換わります❺。これで、「三目並べの素材」というプロジェクトをみなさん自身のScratchの作品リストに加えることができました。

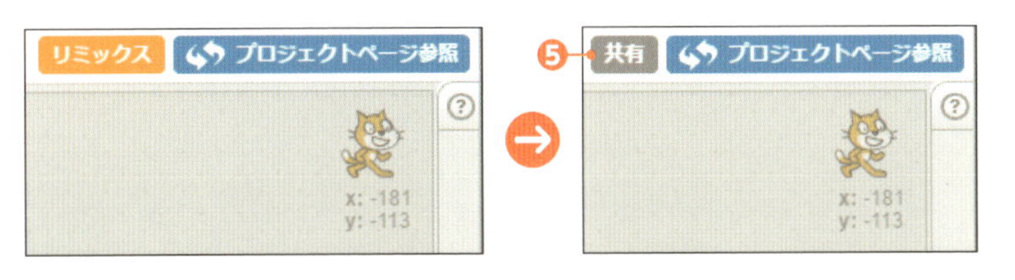

5 画面右上のアカウント名をクリックして❻、[私の作品]をクリックします❼。

6 すると、作品リストの中に「三目並べの素材 remix」という項目が確認できると思います。確認できたら[中を見る]をクリックして❽、元の画面に戻っておいてください。

ここまでの手順でプログラミングを開始する前段階までの準備は完了です。すぐにでもプログラミングをはじめていきたいところですが、その前に、Scratch という学習サービスの特徴と、今回使用する「三目並べの素材」について、もう少し詳しく内容を解説しておきます。

「三目並べの素材」の中身とScratchの主要要素

Scratchに関する解説を読み、そして適切に操作するうえでは、事前に知っておいたほうが良い**Scratch特有の機能や構成、またそれらに関する用語（Scratch内で使われる用語）**がいくつかあります。これらを理解しておけば、プログラミングの解説も容易に読みこなせるようになるのでぜひここで理解しておいてください。

ステージとスプライト

Scratchにおける最も基本的な構成要素は「**ステージ**」❶と「**スプライト**」❷です。これらはScratchの画面左側で確認できます。

● ステージとスプライト

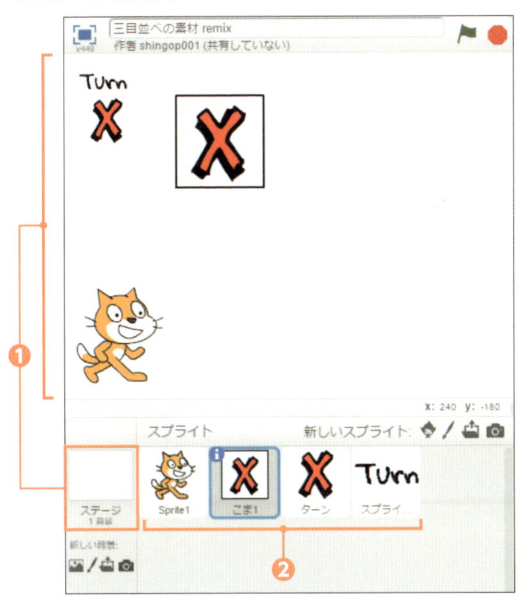

Scratchの構成を、演劇に例えるなら、**ステージは「舞台」**であり、**スプライトは「ステージ上を彩るあらゆる要素」**といえます。演劇の舞台上には演者さんはもちろんのこと、大道具や小道具、舞台装置など、さまざ

まな要素があります。Scratchではこういったすべての要素をスプライトとして管理します(動きのある演者さんだけではありません。この点に注意してください)。

今回使用する○×ゲームで使用するスプライトを見てみましょう。現時点では4つのスプライトが用意されています。

● [スプライト]エリアに登録されているスプライト

スプライト名	役割
Sprite1	Scratchではおなじみの Scratch Cat。今回このキャラクタは飾りとして画面左下に配置する
こま1	○×ゲームの主役的な役割を担うスプライト。最終的にはこのスプライトを9つ複製して、9マスの基盤を作る
ターン	画面左上に配置するスプライト。現在がどちらの順番であるのかを示すアイコン。状況に応じて、×印と○印に切り換わる
スプライト1	画面左上に配置してある「Turn」という文字。特に役割はなく、飾りのようなもの

● ステージとスプライト

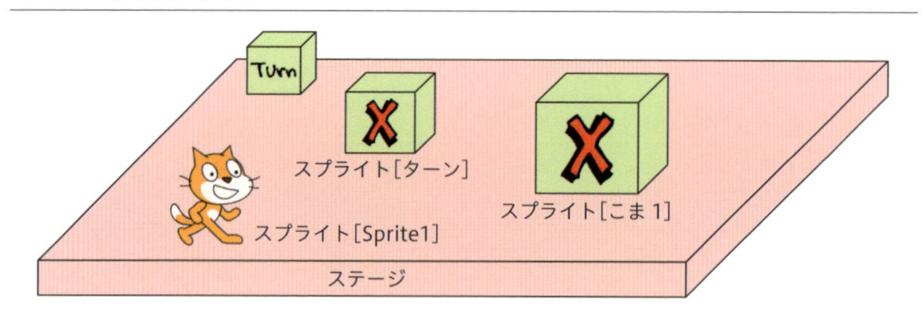

それぞれの具体的な役割や使い方については順次詳しく解説していきます。現時点では、**1つのステージ上に4つのスプライト(登場人物や道具類など)が配置されているのだな**、ということを把握しておいてください。

● スクリプト、コスチューム、音

ステージとスプライトの次に重要なのが「**スクリプト**」「**コスチューム**」「**音**」です。

少しわかりづらい構成なので、丁寧に説明します。ですから、ここで挫折せずにしっかりと理解してついてきてください。

各スプライトには、個別にスクリプト、コスチューム、音の3種類の要素を設定できます。画面を見てください。[スプライト]エリアで[こま1]を選択すると❸、画面右側に[スクリプト][コスチューム][音]の3つのタブが表示されることが確認できます❹。他のスプライトを選択しても同様のタブが表示されます。このことから、各スプライトにはそれぞれ別のスクリプトとコスチュームと音を設定できる、とうことがわります。まずはここがポイントです。

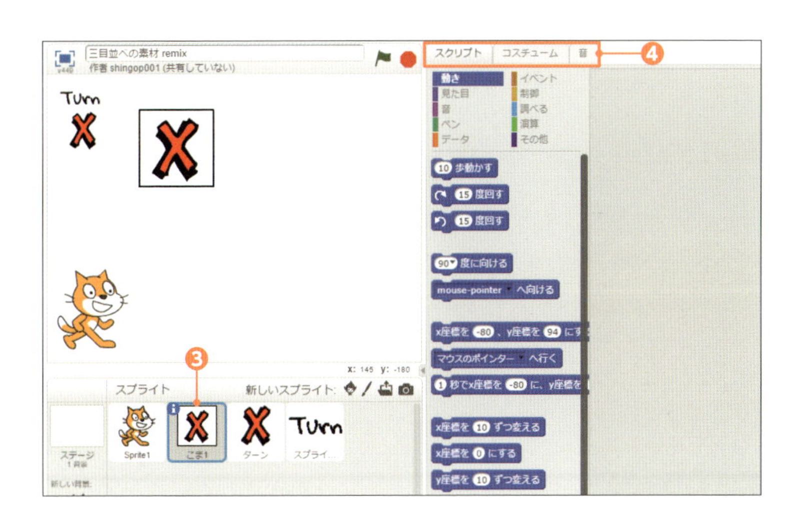

● スプライトとスクリプト、コスチューム、音の関係

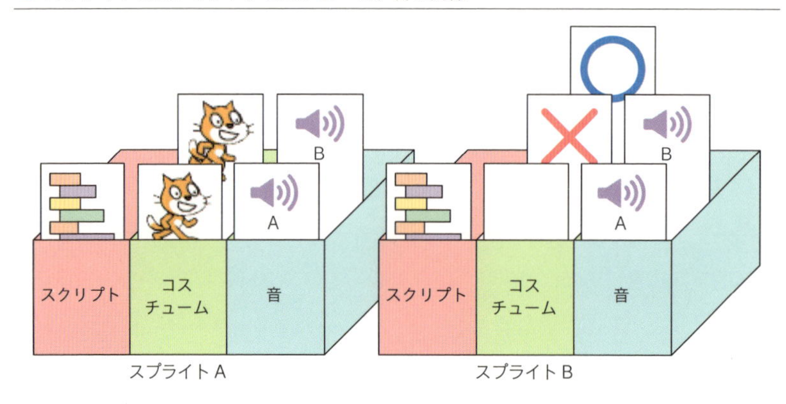

これらの要素には次の役割があります。

● スクリプト、コスチューム、音の役割

機能名	役割
スクリプト	対象のスプライトを制御するためのプログラムを書く場所。Scratch にはあらかじめ多数の処理ブロックが用意されており、これをドラッグ&ドロップして組み合わせることで、プログラムを組み立てていく
コスチューム	スプライトの見た目（図形）を管理する機能。1つのスプライトに対して複数の図形を設定でき、どの図形を表示するかはスクリプトで制御できる。コスチュームは直訳すると「衣装」。まさに、舞台上の演者さんが着ている衣装のような役割を担う
音	スプライトがクリックされたり、移動したり、何かにぶつかったりしたときに流れる音（効果音など）を設定できる機能

本章で準備した「三目並べの素材」では、スクリプトと音に関しては一切用意されていません。ここを作り込んでいくのが本章の課題なので、楽しみにしておいてください。

一方、コスチュームは見た目の図形であり、プログラミングとは直接関係ない部分なので、あらかじめ用意しておきました。各スプライトのコスチュームについては次項で説明します。

[POINT] ステージの構成要素

スプライトに3つの構成要素があるように、ステージにも各要素があります。[ステージ] を選択すると❺、「スクリプト」「背景」「音」の3つのタブが表示されることが確認できます❻。異なるのは「背景」です。ステージに衣装を着せるわけにはいかないので「背景」という名前になっていますが、役割はほとんど同じです。複数の背景を設定でき、スクリプトによってそれを切り替えることもできます。

また、ステージの「スクリプト」には、プロジェクト全体に対するプログラム（処理）を記述します。ある処理を実行したい場合に、その処理をステージのスクリプトに書くのか、各スプライトのスクリプトに書くのかはケースバイケースです。本章で作成する○×ゲームでは両方にプログラムを書くので、その役割の違いに注目してください。

● ステージの構成要素

各スプライトのコスチューム

本章で準備した「三目並べの素材」には、4つのスプライトがすでに登録されており、各スプライトには、○×ゲームに必要なコスチュームをあらかじめ登録してあります。

コスチュームはプログラムの操作対象になる重要な要素なので先に詳しく解説しておきます。**なお、重要なスプライトは[こま1]と[ターン]の2つだけです。**

● Scratch Cat (Sprite1)

Scratch CatはScratchの初期状態から自動的に登録されているスプライトです。このスプライトには2つのコスチュームが登録されています。[スプライト]エリアでScratch Catを選択して❶、[コスチューム]タブを選択すると❷、2種類の図形が登録されていることがわかります❸。この2つがこのスプライトのコスチュームです。

ただし、今回作成する○×ゲームではこのスプライトは操作しないので、特に中身を気にする必要はありません。

● Scratch Catのコスチューム

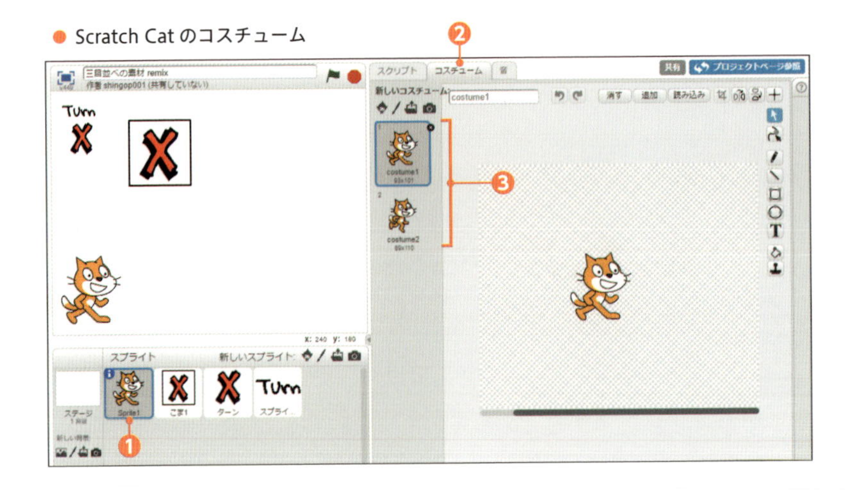

● 文字「Turn」(スプライト1)

文字「Turn」のスプライトは画面上の飾り文字です。コスチュームも1種類だけです。上記と同様に[スプライト]エリアで選択して❹、[コスチューム]タブを選択すると❺、内容を確認できます。このスプライトには1種類のコスチュームしか登録されていません❻。

なお、このスプライトも今回作成する○×ゲームでは操作しないので、特に中身を気にする必要はありません。画面左上に置いておくだけです。

● 文字「Turn」のコスチューム

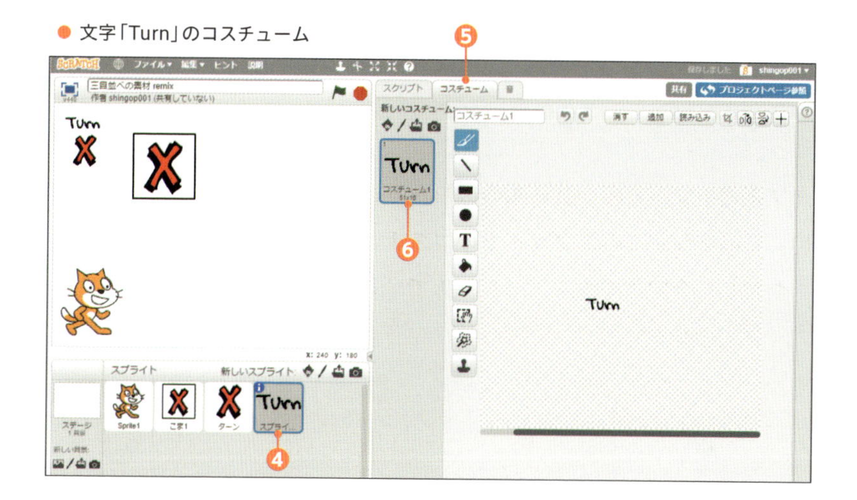

● [こま1]

今回作成する○×ゲームにおいて最も重要なスプライトです。**このゲームの肝となるスプライト**といっても過言ではありません。中身を確認してみましょう。

[スプライト]エリアで[こま1]を選択して❼、[コスチューム]タブを選択します❽。すると、3種類のコスチュームが登録されていることがわかります❾。

● [こま1]のコスチューム

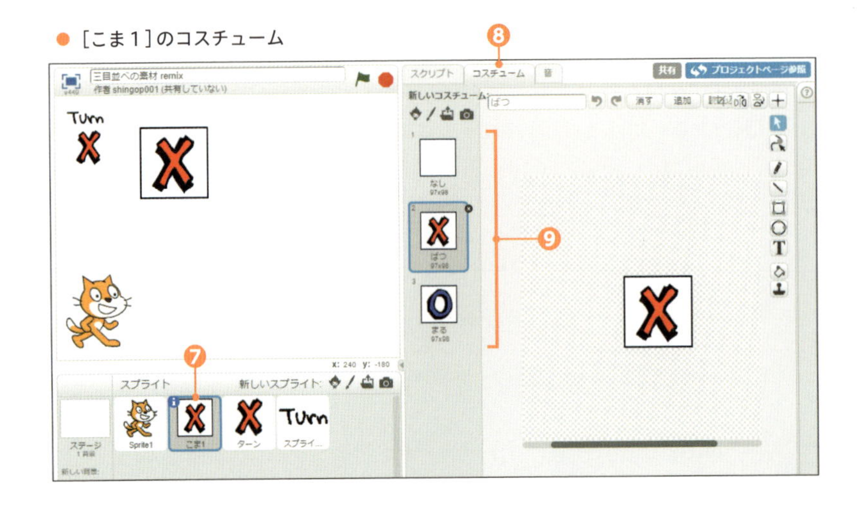

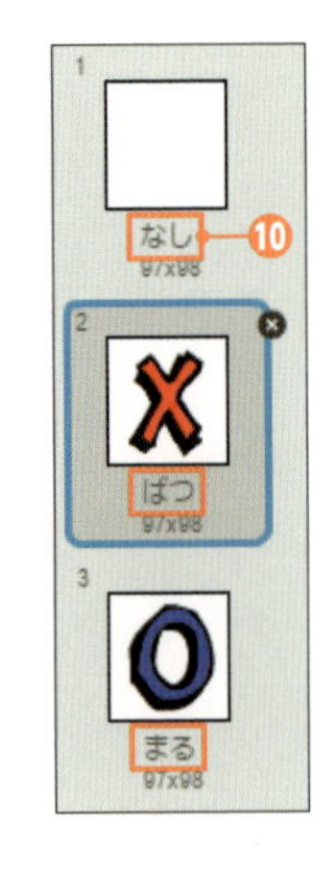

このことから、スプライト[こま1]は、プログラムによって、**無地になったり、×印になったり、○印になったりする**(見た目が切り替わる)ということがわかります。ここも非常に大切なポイントなのでぜひ覚えておいてください。

そしてもう1つ大切なことがあります。それは、**各コスチュームの名前**です。各コスチュームの下部をよく見てみると「なし」「ばつ」「まる」という名前がついていることが確認できます⑩。この名前が非常に重要です。プログラミングでは処理対象を指定することが必要なのですが、Scratchではスプライトの名前やコスチュームの名前を指定してから、それらに対して何らかの処理を実行します。そのため「名前が設定されている場所」や「どういう名前がついているか」はしっかりと把握しておくことが必要です。

スプライト[こま1]については次の2点をしっかりと覚えておいてください。

- 無地、×印、〇印の３種類のコスチュームが用意されている
- それぞれに「なし」「ばつ」「まる」という名前がついている

　ちなみに、[コスチューム] クリックして変更すると⓫、スプライトの見た目も変わります⓬。一度試しておいてください。

● コスチュームの切り替え

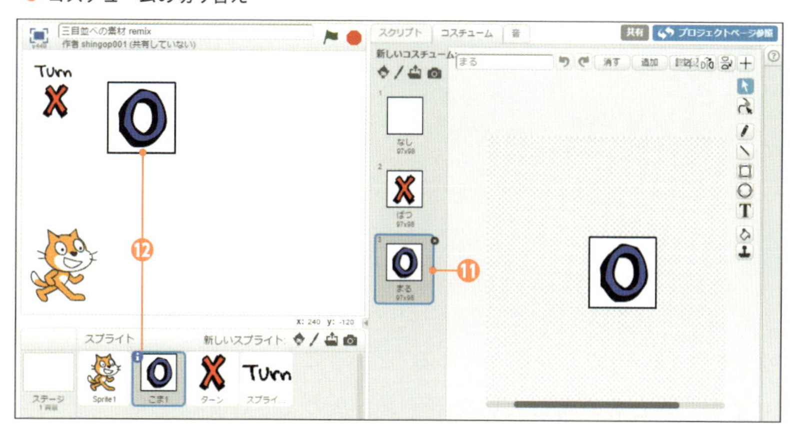

● [ターン]

　[ターン] も今回作成する〇×ゲームにおいて重要なスプライトです。**[ターン] の役割は「次に操作する人がどちらであるかを示す」**です。つまり、[ターン] のコスチュームは必ず、×印と〇印が交互に切り替わることになります。

　[スプライト] エリアで [ターン] を選択して⓭、[コスチューム] タブをクリックします⓮。

● [ターン]のコスチューム

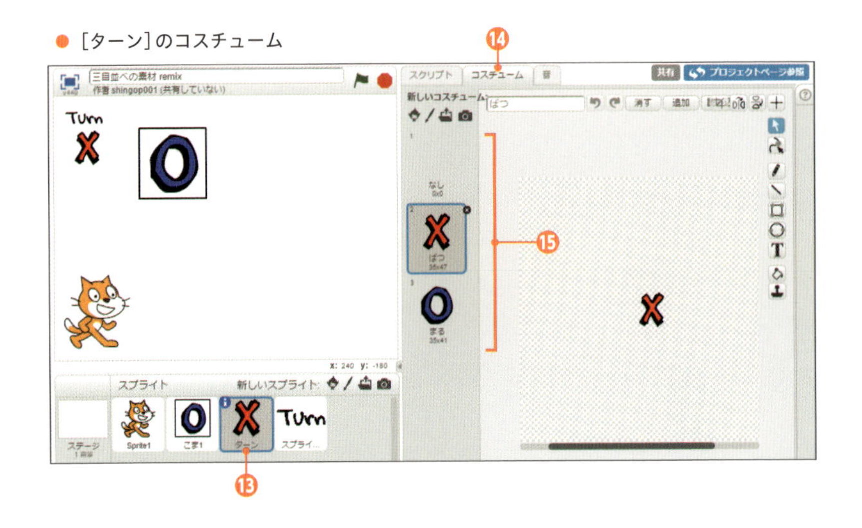

上記を見るとわかるとおり、スプライト[ターン]にも3種類のコスチュームが用意されています⑮。ただし、今回の○×ゲームで使用するのは×印のコスチューム[ばつ]と、○印のコスチューム[まる]の2種類です。

さて、これで今回使用する「三目並べの素材」の説明は終わりです。次節からはいよいよこの素材をもとにして○×ゲームを作っていきます。もしスプライトやコスチュームに関して不明な点があったら、またこの項目に戻ってきて、見直してください。

それでは、楽しいプログラミングの時間のはじまります。ぜひ最後まであきらめずにやり通して、○×ゲームを完成させてください！

Section

03 はじめて学ぶ「変数」と「リスト」

前節ではいわゆる「プログラミングをするための準備」を行いました。必要なパーツを用意しただけです。**ここからの作業が「プログラミング」になります**。ぜひ実際に手を動かし、楽しみながらプログラミングを進めてください。

ここでは、プログラミングの最初に学ぶ機能として「**変数**」と「**リスト**」を解説します。これらの機能の詳細については後述しますので、まずは○×ゲームを引き続き、制作していきましょう。

変数を使って「ターン」と「勝者」の表示機能を追加する

プログラミングにおける最も基本的な機能である「変数」を使って、画面上に「ターン」と「勝者」を表示するための パーツを作成します。

1 [スプライト]エリアにある[ステージ1背景]をクリックして選択します❶。

2 [スクリプト] タブを選択して❷、[データ] を選択します❸。そして、[変数を作る] ボタンをクリックします❹。
[新しい変数] ダイアログが表示されるので、変数名に「ターン」と入力して❺、[OK] ボタンをクリックします❻。

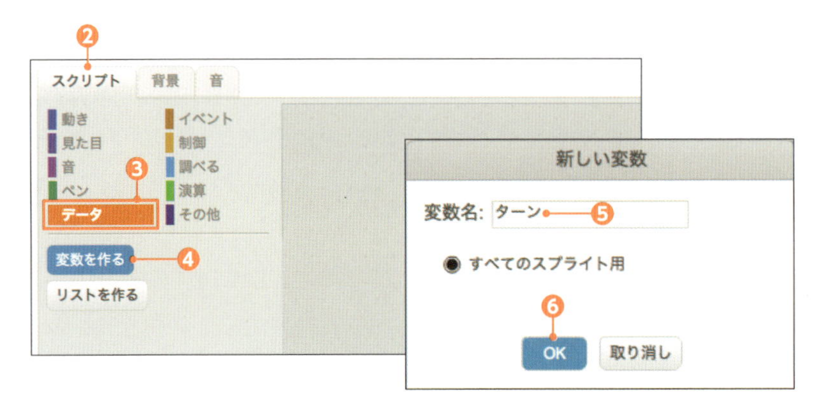

3 すると、変数 [ターン] が作成されて、いくつかのブロックが自動的に追加されます❼。また、[ステージ] エリアに変数 [ターン] が表示されます❽。この時点で変数 [ターン] には何も入っていません。

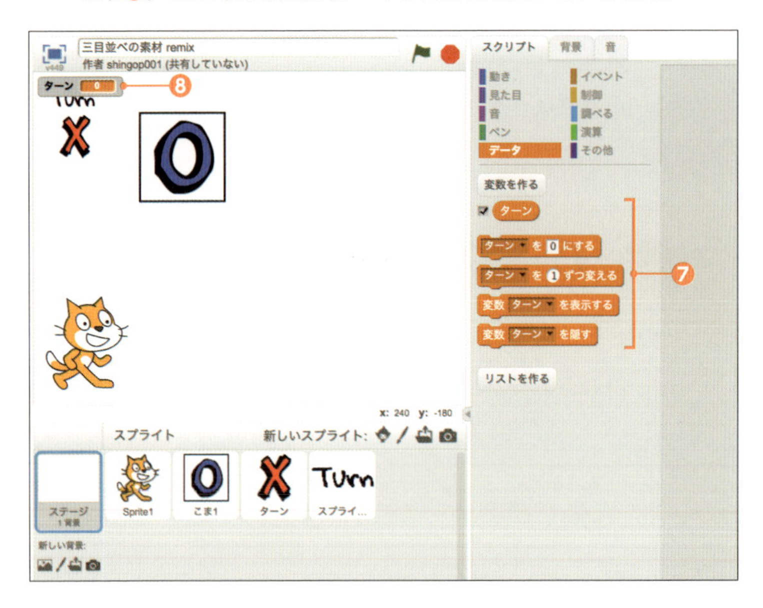

4 今回制作する○×ゲームでは、変数[ターン]は画面上には表示しないので、[ターン]の左側にあるチェックボックスのチェックを外します❾。すると、画面上から変数[ターン]が消えます(非表示になります)❿。

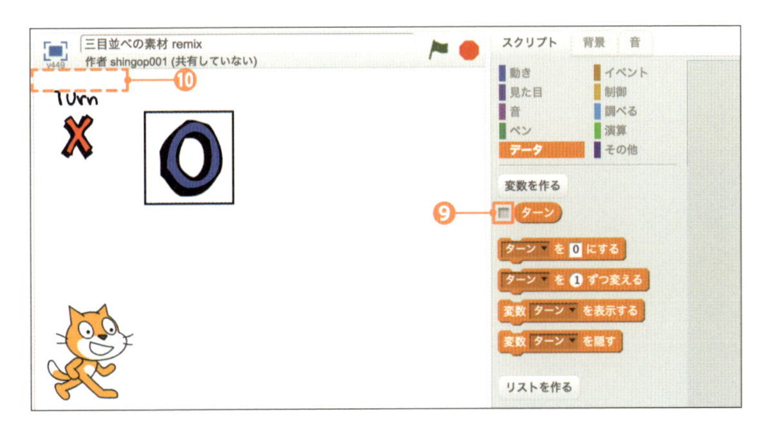

5 同様の操作で変数[勝者]を作成します⓫。こちらの変数は画面の上部中央に移動して表示しておきます⓬。つまり、チェックボックスのチェックはオンのままにしておきます。

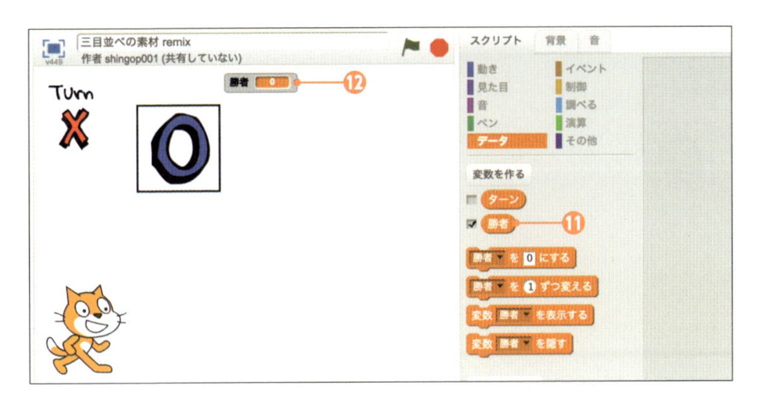

6 続いて、ゲームの盤面を配置するためのリストを作ります。[リストを作る]ボタンをクリックして⓭、リスト名に「盤面」と入力し⓮、[OK]ボタンをクリックします⓯。

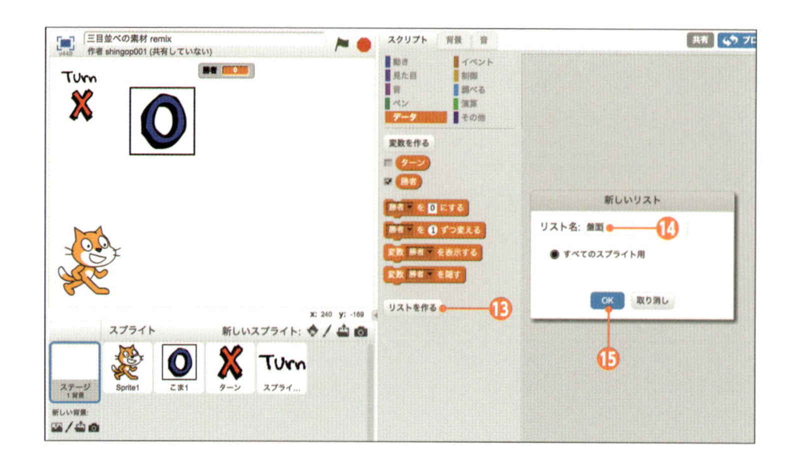

7 これでリスト［盤面］が作成され、それに応じていくつかのブロックが追加されます⑯。また、［ステージ］エリアにリスト［盤面］が表示されますが⑰、このリストも画面上には表示しないので、チェックを外しておきます⑱。なお、この時点ではリスト［盤面］は空っぽです。何も入っていません。このことを覚えておいてください。とりあえずこれでいったん作業終了です。

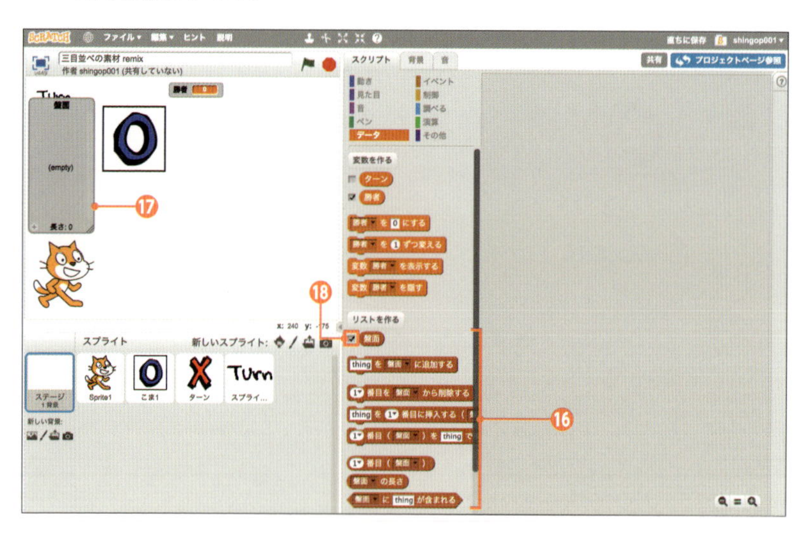

変数、リストとは何か

本項ではじめてプログラミングらしい専門用語が2つ登場しました。「**変数**」と「**リスト**」です。

変数とは「**何らかのモノを入れるための箱**」のようなものです。たとえば「i」という名前の変数を作って、その中に「10」という数字を入れたとします。そうしておけば、変数iの中を参照するだけで、いつでも好きなタイミングで「10」という数字を取り出すことができます。

● 変数iと数字の「10」

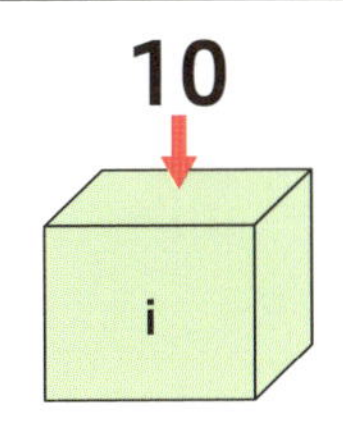

もう少し具体的にいうと、変数とは「**自由にデータを入れることができ、そしてそのデータを一時的に保存してくれて、いつでも参照できる便利な機能**」です。

また、リストとは「**複数の変数を連続して並べたもの**」です。例えば、「LIST」という名前のリストを作って、その中に3つの値を入れると下図のようになります。

● リストLISTと3つの値

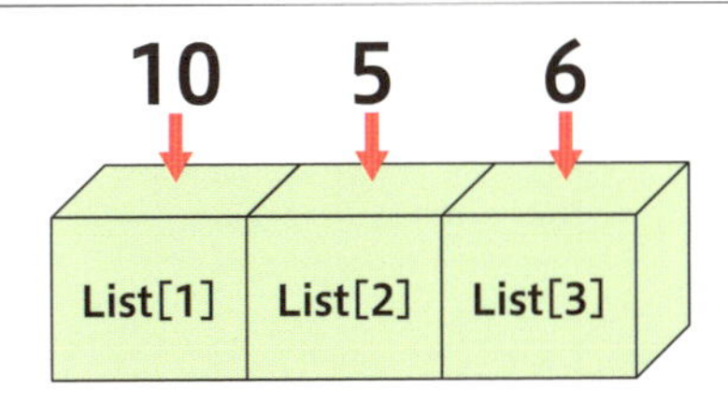

リストは変数の一種ですが、上図のように複数の値を1つの名前(リスト名)で管理できるので、使い方によってはとても便利です。

今回作った２つの変数と１つのリスト

今回制作中の○×ゲームでは、次の変数とリストを作成しました。ここでそれぞれの役割も解説しておきます。

● 各変数とリストの役割

種類	名前	役割
変数	ターン	次の操作者が「○」であるか、「×」であるかを管理するための変数。つまり、変数ターンの中には「まる」または「ばつ」というデータが格納される
変数	勝者	勝者を表示するための変数。勝者が○の場合は「まる」、×の場合は「ばつ」という文字を格納する。引き分けの場合は「なし」という文字を格納する
リスト	盤面	○×ゲームの盤面となる、3×３マスの盤面を作るためのリスト。このリストには「まる」「ばつ」「なし」（白地）のいずれかが格納される

● 各変数とリストの中身

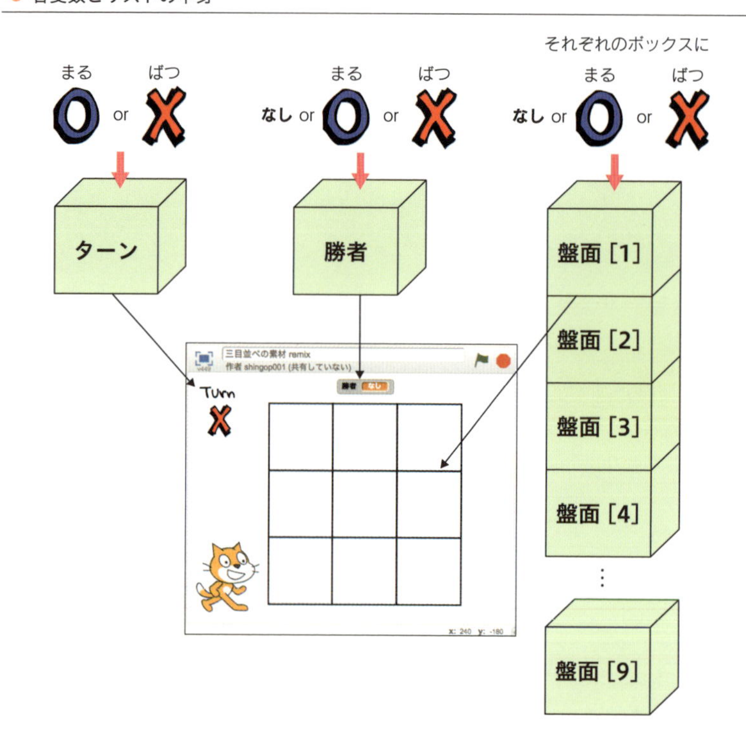

Section
04 データを初期化するためのプログラム

プログラムを正常に動作させるためには、各処理を実行する前に「**データの初期化**」という処理を実行することが大切です。初期化とは、プログラムを実行するための事前準備のようなものです。詳しくは後述しますので、まずはプログラミングを進めてみましょう。

1 前項で作成した２つの変数と１つのリストを初期化するプログラムを作成します。

[スプライト]エリアで[ステージ１背景]をクリックして選択し❶、[スクリプト]タブ内の[イベント]カテゴリをクリックします❷。

一覧の中から［がクリックされたとき］をドラッグして、下図のように配置します❸。

このブロックの下にさまざまな処理を配置することで「🏴がクリックされたときに最初に行う動作の内容」を設定していきます。

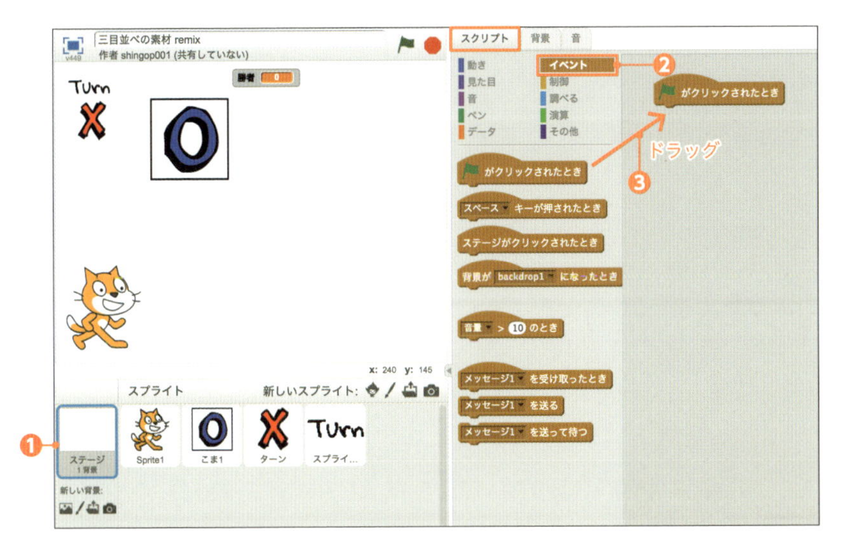

2 ［データ］カテゴリを選択して❹、勝者▼を0にする を がクリックされたとき の下に連結し❺、そのうえで「0」を「なし」に変更します❻。
同様の操作を再度行い、今度は「勝者」を「ターン」に変更し❼、さらに「0」を「ばつ」に変更します❽。

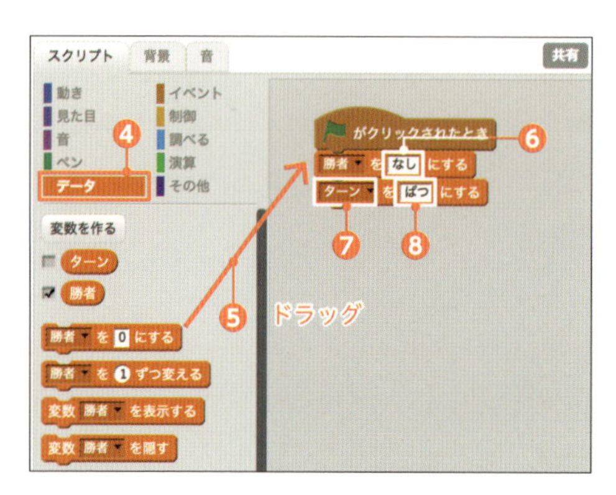

3 続いて、1▼番目を 盤面▼ から削除する を最下部に連結し❾、「1」を「すべて」に変更します❿。これで 🏴 押された際に、リスト［盤面］の要素すべてが空白になります。

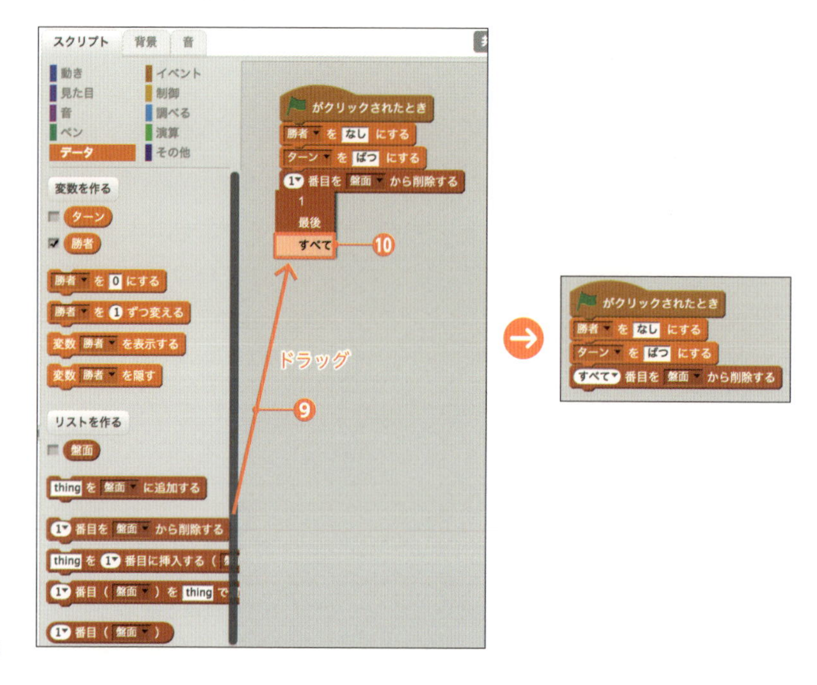

4 [制御] カテゴリを選択して⑪、10 回繰り返す をドラッグし、「10」を「9」に変更します⑫。

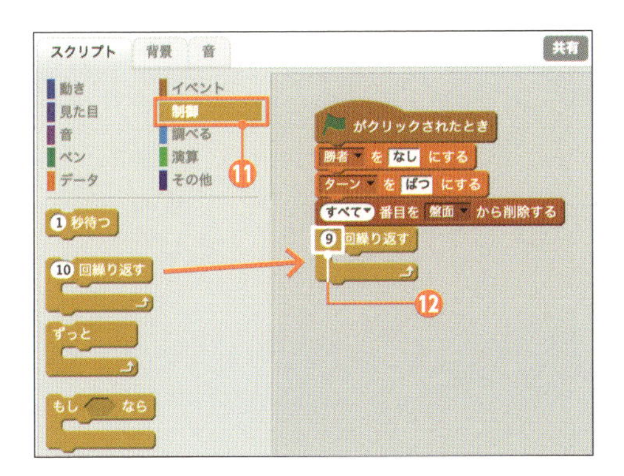

5 [データ] カテゴリを選択して⑬、thing を 盤面 に追加する を繰り返し処理の中にドラッグし、「thing」を「なし」に変更します⑭。これで変数[ターン]、変数[勝者]、リスト[盤面]の3つすべてが、ゲーム開始時に初期化されます。

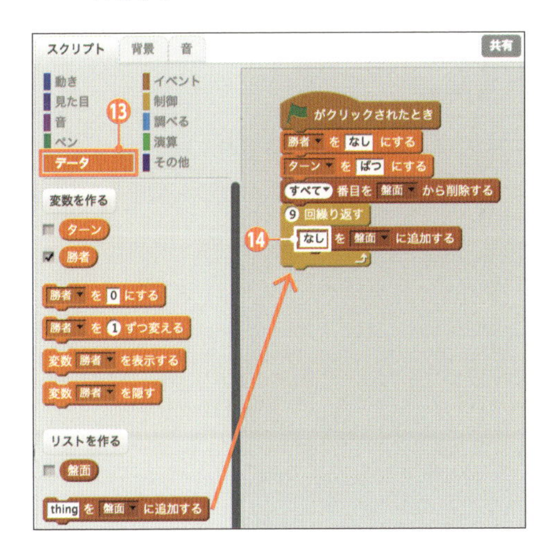

初期化とは何か

上記の手順では、変数[ターン]と[勝者]、およびリスト[盤面]の3つを初期化する、という処理を設定しました。冒頭では「**初期化とは、**

プログラムを実行するための事前準備のようなもの」と説明しましたが、実際には何のための処理なのでしょうか。具体的に見ていきましょう。

今回の場合、ゲームがスタートした時点で変数［勝者］に「なし」という値を設定し、変数［ターン］に「ばつ」という値を設定するようにプログラミングしました。また、リスト［盤面］に格納されているすべての変数を［盤面］から削除するように設定したうえで、リスト［盤面］に「なし」という文字を９つ追加しています。

● 変数［勝者］と［ターン］、およびリスト［盤面］の初期化

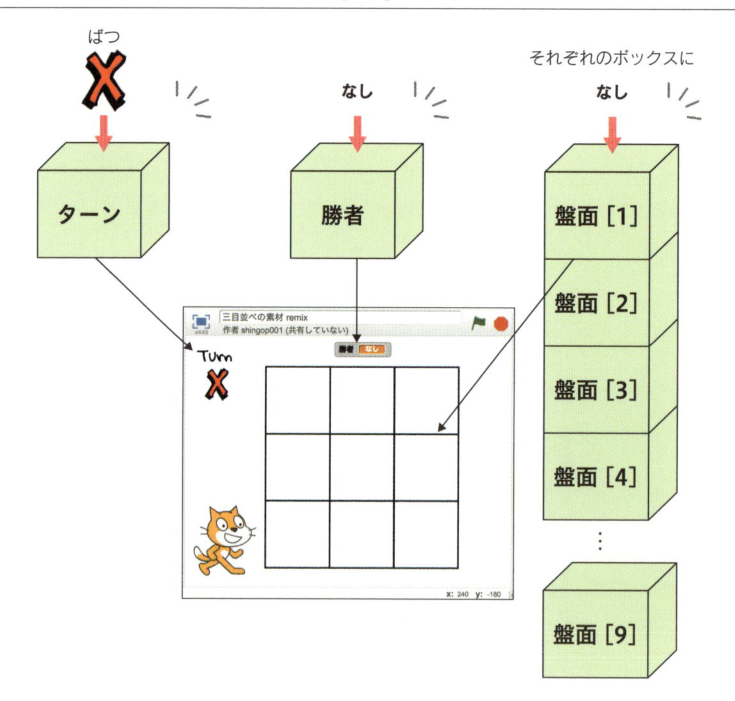

この初期化の処理によって、ゲーム開始時は常に「勝者：なし」の状態になり、また「ターン：ばつ」という状態になります。このゲームでは必ず「×」からはじめることになっているので、初期化によって「ターン：ばつ」にすることが必要なのです。

また、リスト［盤面］に対する初期化処理の結果は、実際にリスト［盤面］を表示してみるとよくわかります。［盤面］にチェックを付けて画面上に表示したうえで❶、 をクリックして処理を実行してみてください❷。リスト［盤面］内の変数が一瞬消えた後、「なし」という文字を含む9つの変数が作成されている（追加されている）ことが確認できます❸。これが、リスト［盤面］に対する初期化処理の内容です。初期化処理後のリスト［盤面］の状態が確認できたでしょうか。確認できたら、再度チェックボックスをクリックして、チェックを外し、非表示にしておいてください。

● リスト［盤面］の初期化処理

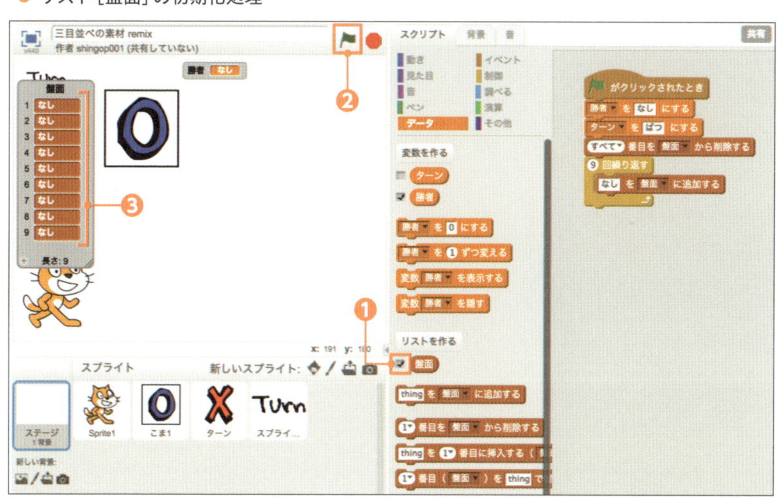

上記のように初期化することで、ゲーム開始時点で勝者やターン、盤面をリセットすることができ、何も設定されていない新しい状態、つまりは、**このゲームをはじめるうえで最適な状態**にすることができます。

もしこの初期化の処理がなかったら、ゲームをスタートした時点で前回の状態である「勝者：まる」が表示されてしまったり、「ターン：〇」と表示されたりする可能性が生じてしまいます。

こういった、望ましくない状態になる可能性を確実に排除するために、コンピュータのプログラムでは多くの場合に、この初期化という処理を行います。初期化はプログラミングにおいて非常に大切な処理の1つなので、ぜひここで覚えておいてください。

繰り返し処理はとても重要な機能

今回記述したプログラムにはもう1つ重要な機能がありました。それは「**繰り返し処理**」です。今回の処理では「［なし］を［盤面］に追加する」という処理を「**9回繰り返す**」としています。

処理としては、［制御］カテゴリにあるブロックを1つ追加しただけですが、**この処理はプログラミングにおいてとても重要です**。

プログラムの処理の流れは、基本的には次の3種類しかありません。

- 順次処理
- 繰り返し処理
- 条件分岐処理

順次処理とは、その名のとおり、上から順に1つずつ指定された命令を処理していくことです。これまでに記述したきたその他の処理はすべて順次処理です。

そして、繰り返し処理とは「**一定の条件が満たされている間中は、指定されている処理を何度も繰り返し実行する処理**」です。今回は「9回」という回数が明記されているので、9回繰り返し実行されますが、繰り返し処理において「**繰り返す回数**」は固定値である必要はありません。本書でももう少し後で出てきますが、次のような 条件 を与え、その条件が満たされるまではずっと処理を実行し続ける、ということも可能です。

条件 どちらかのプレイヤーが5ポイントになるまで
処理 手順1～4を何度も実行する

上記の 条件 の場合、どちらかのプレイヤーが5ポイントになるまで繰り返し処理は永遠に続きます。

繰り返し処理の威力は絶大

繰り返し処理を侮ってはいけません。繰り返し処理を適切に扱うことができれば、プログラムを劇的に効率化することができます。

何らかのプログラムを書く際に、同じ処理を何度も実行する必要がある場合が多々あります。今回の例もそのうちの1つです。「**9回実行するくらいなら、同じ処理を9つ並べて書けば良いではないか**」と感じた人もいたかもしれません。次の2つの処理の結果はまったく同じです。

● 繰り返し処理を使わなかった場合と、使った場合

繰り返し処理を使わなかった場合

繰り返し処理を使った場合

確かに、繰り返す処理が9回くらいであれば、9つ並べて記述しても良いかもしれません。しかし、この処理が1万回必要だった場合を考えてみてください。繰り返し処理を知らない人は、同じブロックを延々と1万個も並べないといけないのですが、繰り返し処理を使えば、数字を「9」から「10000」に書き換えるだけで作業は完了します。

● 繰り返す回数の変更

このように、繰り返し処理を習得しておけば、「同じ処理を何度か繰り返す場合」にとても効率良くプログラミングすることができます。

条件分岐処理とは

条件分岐処理は、本章のこれまでの解説ではまだ出てきていませんが、先に簡単に解説しておきます(後で出てきます：p.185)。

条件分岐処理とは「**指定した条件の結果によって、処理内容を切り替える処理**」です。現実世界の事象を例に挙げるならば、「ボーナスが30万円以上なら(条件)、パソコンを買い替える(処理)」なども条件分岐処理といえます。今回制作している○×ゲームでもさまざまな条件分岐処理を行います。もう少し後で出てくるので、今しばらくお待ちください。

プログラミングの3大処理

これら順次処理、繰り返し処理、条件分岐処理をフローチャートで表すと下図のようになります。ぜひ処理の流れと実際のブロックを見比べてみてください。世の中のプログラムのすべての処理はこの3つの処理の流れで実現されています。

● プログラムの3つの処理

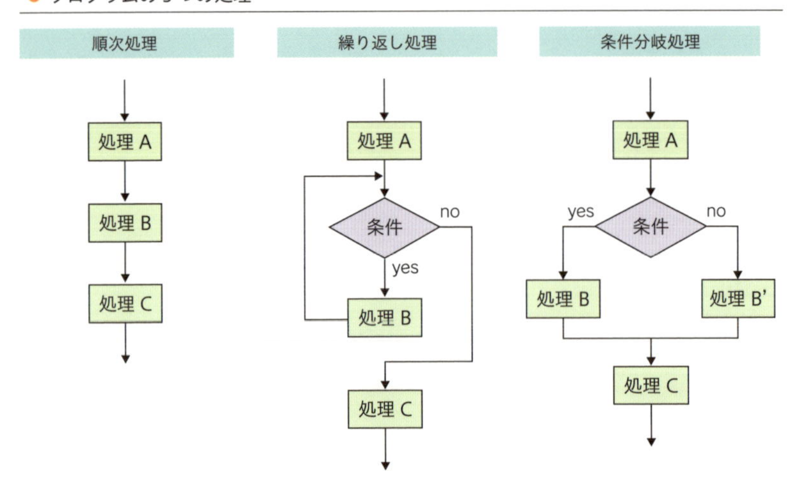

Chapter 08

Section

05 「ターン」の初期化処理を追加しよう！

今回制作する○×ゲームでは、最初は必ず「×」からゲームがはじまります。そのため、スプライト[ターン]にも初期化の処理、つまり「ゲームが開始されたら×を表示する」という処理が必要です。これを書いていきます。

1 [スプライト]エリアで[ターン]をクリックして選択します❶。[スクリプト]タブを選択し、[イベント]カテゴリを選択します❷。
がクリックされたとき を右側の[スクリプト]エリアにドラッグ＆ドロップして配置します❸。

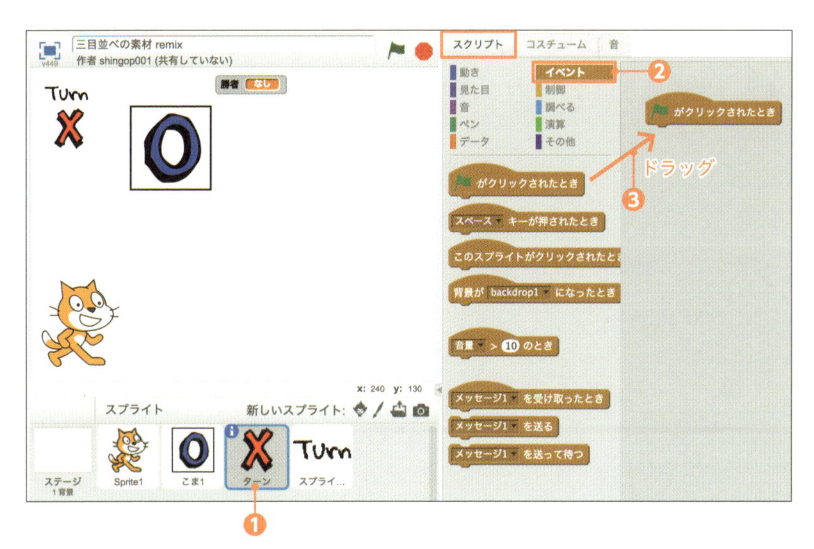

2 [見た目]カテゴリを選択して❹、 コスチュームを まる にする を連結し❺、「まる」を「ばつ」に変更します❻。

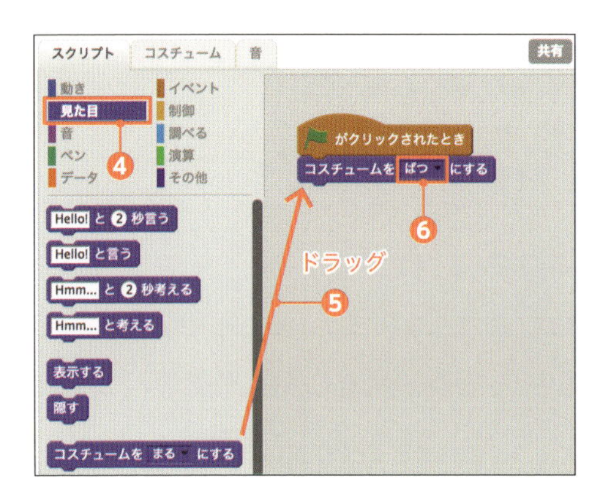

3 これでゲームの開始（ をクリック）と同時に、スプライト［ターン］に［×のマーク］が表示されるようになります。ここで一度、 をクリックして確認してみましょう❼。［ターン］の表示が［×のマーク］に切り換われば成功です❽。

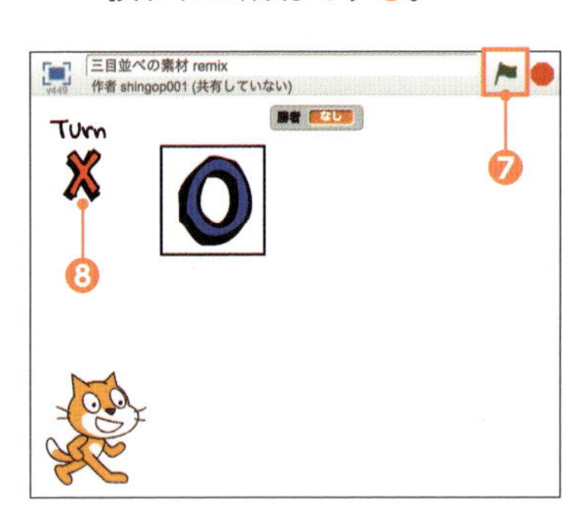

［POINT］ ［ターン］のコスチュームがすでに「×」の場合は、初期化を確認する前に、スプライト［ターン］を選択して❾、［コスチューム］タグを選択し❿、「○」をクリックして⓫、コスチュームを変更してから上記の手順3を実行してみてください。

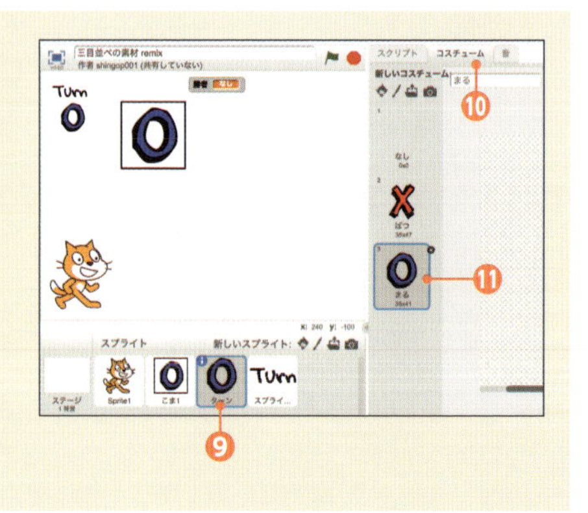

Section
06 格子のイベント処理をプログラミングしよう！

ここでは、盤面をクリックした際の処理をプログラミングしていきます。具体的には次のような処理を書きます。

- クリックした盤面が空白の場合は、現在のターン（○か×）を表示する
- クリックした盤面が空白でない場合（すでに○か×が表示されてる場合）は、何もしない

1 ［スプライト］エリアで［こま1］をクリックして選択します❶。［スクリプト］タブを選択し❷、［イベント］カテゴリを選択します❸。［がクリックされたとき］を右側の［スクリプト］エリアにドラッグ＆ドロップして配置します❹。

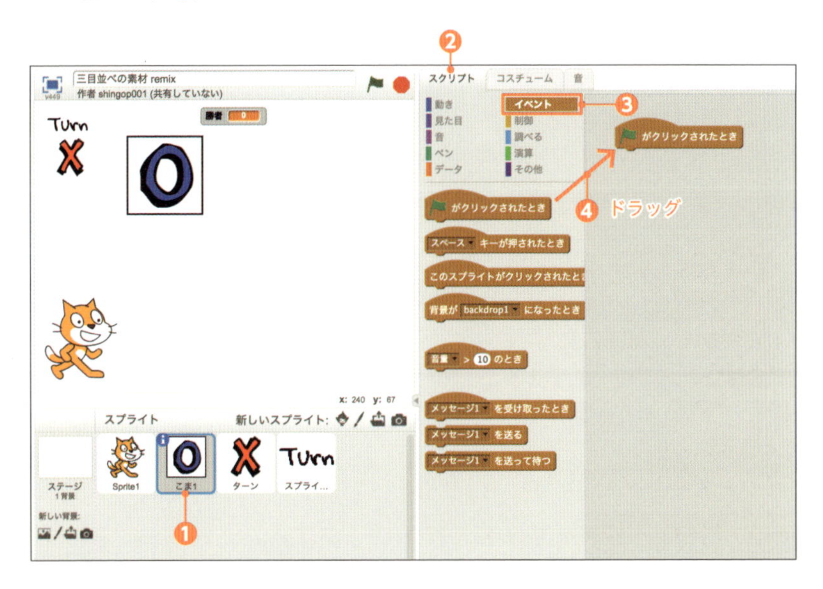

2 ［見た目］カテゴリを選択して❺、コスチュームを まる にする を連結し❻、「まる」を「なし」に変更します❼。

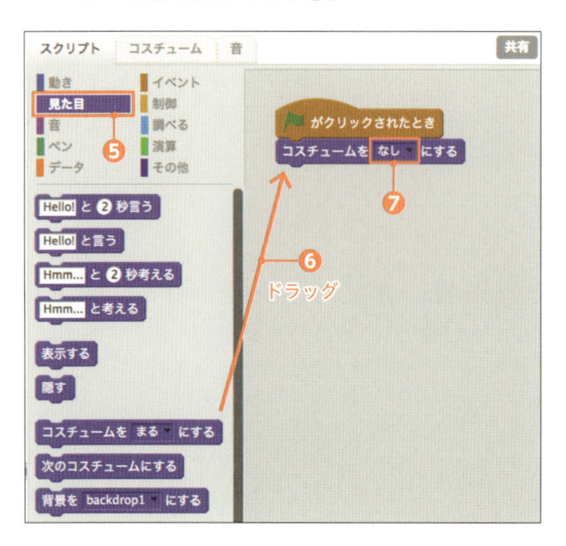

3 ［イベント］カテゴリを選択して❽、このスプライトがクリックされたとき を新たな空白地帯に配置します❾。

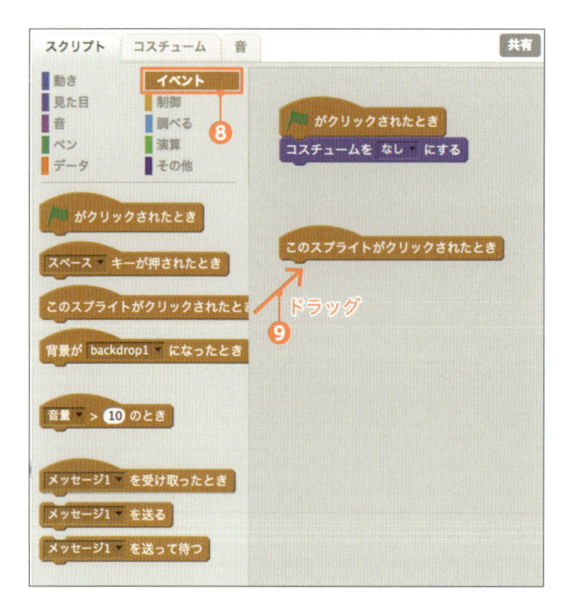

［POINT］ イベントとは、処理の起点

上記で配置した［このスプライトがクリックされたとき］は今回はじめて配置したブロックです。これまではほとんどが［🏁がクリックされたとき］でした。

これら2つのブロックの共通点は「**操作の起点になる**」という点です。つまり、［イベント］カテゴリに用意されているすべてのブロックは、**何らかの処理（プログラム）を開始するための起点として用意されています。**このことを念頭に［イベント］カテゴリに用意されている他のブロックを見ると、「○○キーが押されたとき」や「背景が○○になったとき」「メッセージを受け取ったとき」など、処理の起点になるブロックがいろいろと用意されていることがわかります。

このように基本的な分類の内訳を理解しておけば、みなさんが何らかの処理を実行したい場合に、その処理を実現するためのブロックがどのカテゴリに含まれているかがわかるようになります。

4 ［制御］カテゴリを選択して⑩、［もし◇なら］を連結します⑪。

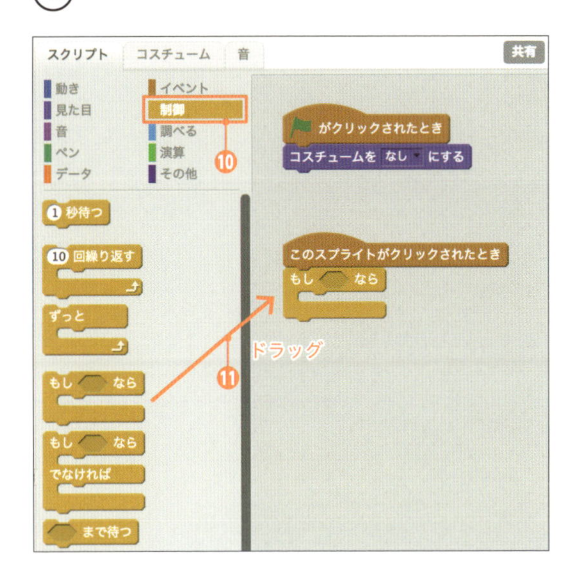

5 ［演算］カテゴリを選択して⑫、 かつ を［もしく 〉なら］の中にはめ込みます⑬。このような操作は今回がはじめてだと思いますので、焦らずに、下図のようになるように操作してください。ドラッグ＆ドロップではめ込むことができます。

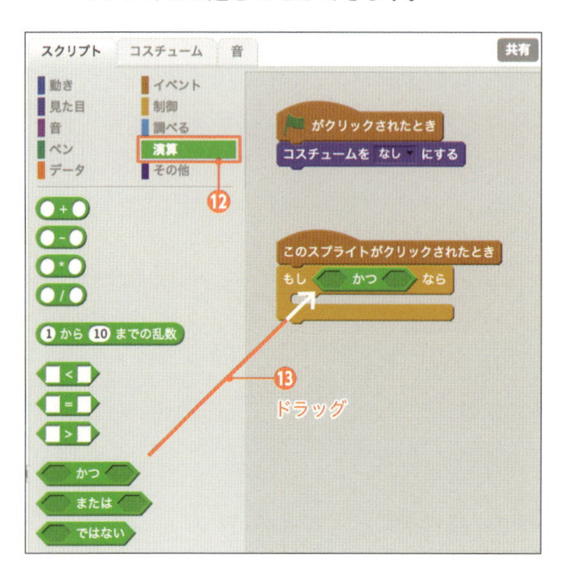

6 引き続き［演算］カテゴリから、今度は □=□ を選択して、先ほど配置したブロック内の２箇所にはめ込みます⑭。似たブロックがいくつかあるので注意してください。ここで使うのは［□＝□］のブロックです。

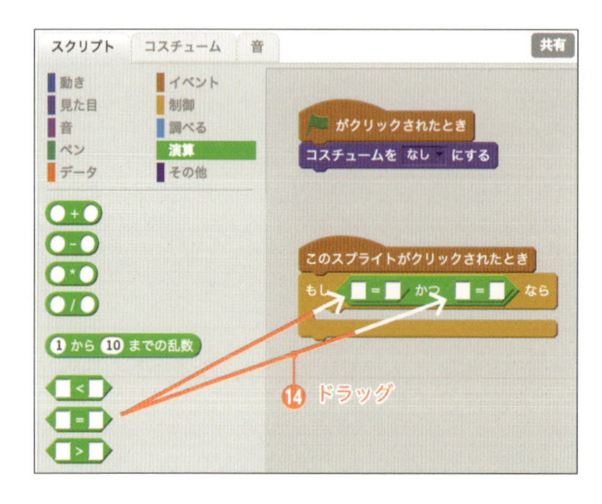

7 [データ] カテゴリを選択して⑮、左側の等式の左辺に 勝者 をはめ込み⑯、右辺には「なし」と入力します⑰。

また、右側の等式の左辺に 1▼ 番目 (盤面▼) をはめ込み⑱、右辺には「なし」と入力します⑲。

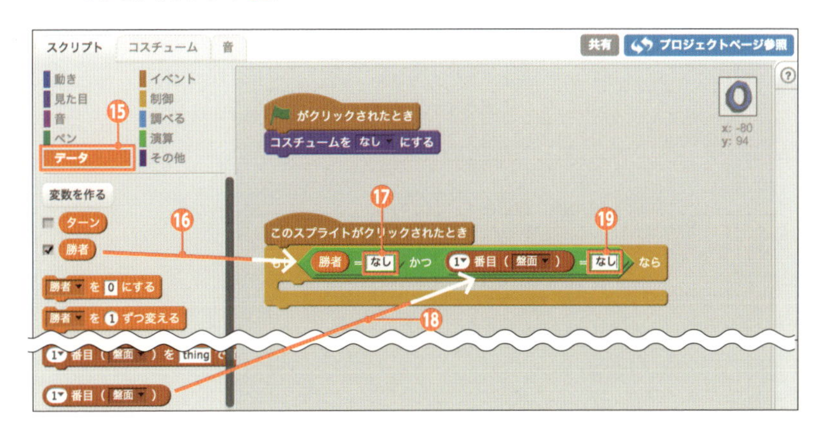

[POINT] **条件分岐処理の「条件」はどんな条件？**

ここで指定している以下の条件とは、どのような条件でしょうか。

もし 勝者 = なし かつ 1▼ 番目 (盤面▼) = なし なら

左側の条件はシンプルですね。「勝者＝なし」のとき、つまり、まだ勝者が決まっていないときに、これ以降の処理を行いましょう、ということです。すでに勝者が決まった後であれば、ゲームを続ける意味がないのでこのような条件をここで指定しています。

右側の条件はリスト [盤面] 内の１番目のスプライト [こま] の中身（コスチューム）を確認しています。そして、コスチュームの値が「なし」、つまり白枠であった場合に処理を進めるように設定しています。コスチュームにすでに「○」や「×」が指定されている場合、このゲームではそれを上書きすることはできないので、○や×を書き込む対象は必ず「なし」（白枠）であることが必要です。

ここでは、**上記の２つの条件が両方とも満たされている場合のみ**、処理を進めるような 条件 が指定されています。

8 上記の条件が満たされた場合の処理を追加していきます。[見た目]カテゴリを選択して⑳、［コスチュームを まる にする］を条件ブロックの中に配置します㉑。

9 ［データ］カテゴリを選択して㉒、「まる」の箇所に［ターン］をはめ込みます㉓。

続いて、［1 番目 (盤面) を thing で置き換える］を連結して㉔、同様に「thing」の箇所に［ターン］をはめ込みます㉕。

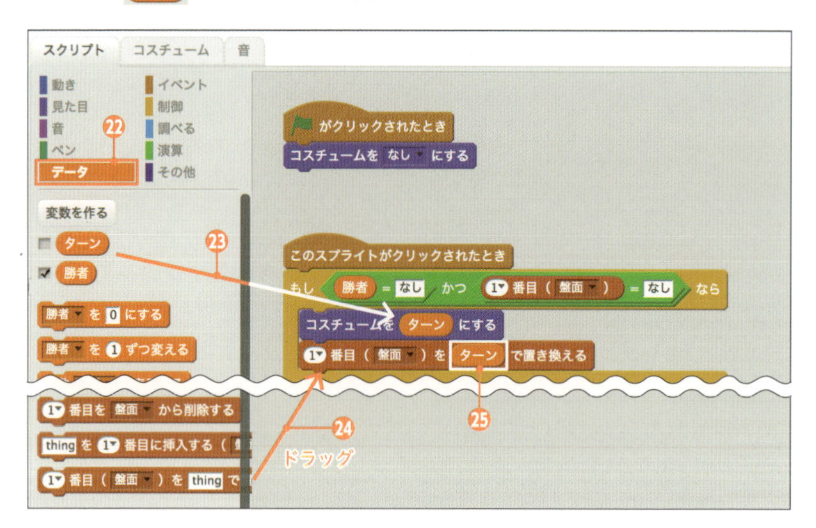

10 ［イベント］カテゴリを選択して、メッセージ1▼ を送る を連結したうえで、▼をクリックして［新しいメッセージ］をクリックします㉖。
ダイアログが表示されるので「セットした」と入力して㉗、［OK］ボタンをクリックします㉘。

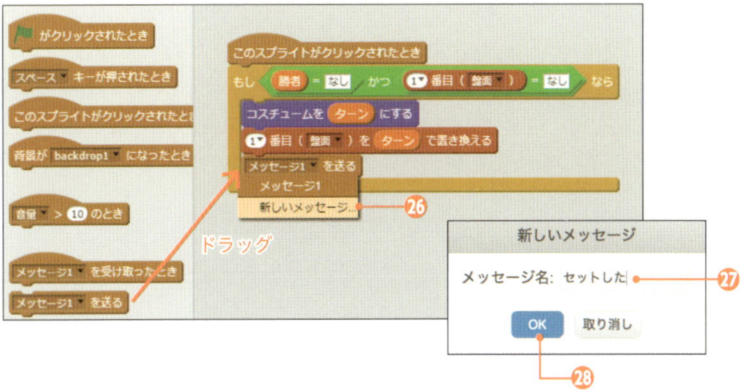

がクリックされたとき
スペース▼ キーが押されたとき
このスプライトがクリックされたとき
背景が backdrop1▼ になったとき
音量▼ > 10 のとき
メッセージ1▼ を受け取ったとき
メッセージ1▼ を送る
ドラッグ
このスプライトがクリックされたとき
もし 勝者 = なし かつ 1▼ 番目 (盤面▼) = なし なら
コスチュームを ターン にする
1▼ 番目 (盤面▼) を ターン で置き換える
メッセージ1▼ を送る
メッセージ1
新しいメッセージ... ㉖
新しいメッセージ
メッセージ名: セットした ㉗
OK 取り消し
㉘

11 これでスプライト「こま１」に設定する処理は終わりです。下図のようになっていれば完成です。

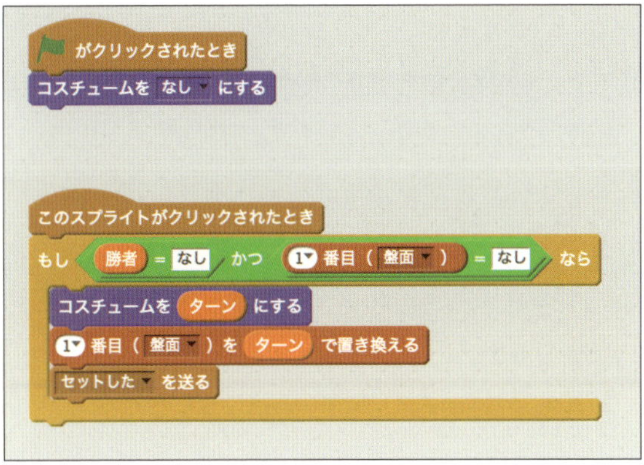

がクリックされたとき
コスチュームを なし▼ にする

このスプライトがクリックされたとき
もし 勝者 = なし かつ 1▼ 番目 (盤面▼) = なし なら
コスチュームを ターン にする
1▼ 番目 (盤面▼) を ターン で置き換える
セットした▼ を送る

条件分岐処理で行っている処理

今回指定して条件分岐処理の 条件 についてはp.187でも解説しましたが、再度簡単にまとめると次の2つの条件を指定しています。

- 勝者が「なし」の場合、つまり、勝者がまだ存在しない場合
- リスト［盤面］内の1番目のスプライト［こま］が「なし」の場合、つまり、白枠の場合

上記の2つの条件を**両方とも満たしている場合のみ**、次の処理が実行されます。

- 自分自身[*1]のコスチューム（見た目）を現在の［ターン］の状態にする。つまり、現在のターンが「まる」の場合は「○」にし、「ばつ」の場合は「×」にする、ということ
- リスト［盤面］の1番目の変数を［ターン］の値に置き替える
- 「セットした」というメッセージを送る

つまり、プログラムの実行時点で、勝者がなく、リスト［盤面］の1番目（最終的には左上のマス目になりますが、現状はマス目は1つしかありません）が「なし」であった場合、かつ、ターンが「ばつ」の場合には、［こま1］に「×」が表示されることになります。

なお、最後に連結した「セットしたを送る」という処理は、この後に追加する処理に対応するためのブロックですので、「**以降の処理で使うために、"セットした"という文字を送るのだな**」くらいに思っておいてください。後ほど、詳しく解説します。

さて、それではここまでのプログラムが正しく設定できているか、実際にプログラムを実行して確認してみましょう。🏴をクリックしてプ

＊1　このプログラムはスプライト［こま1］の中に書いているので、ここでいう「自分自身」とは［こま1］のことです。

ログラムを実行し❶、白枠の格子内をクリックしてください。白枠内に「×」が表示されれば成功です❷。

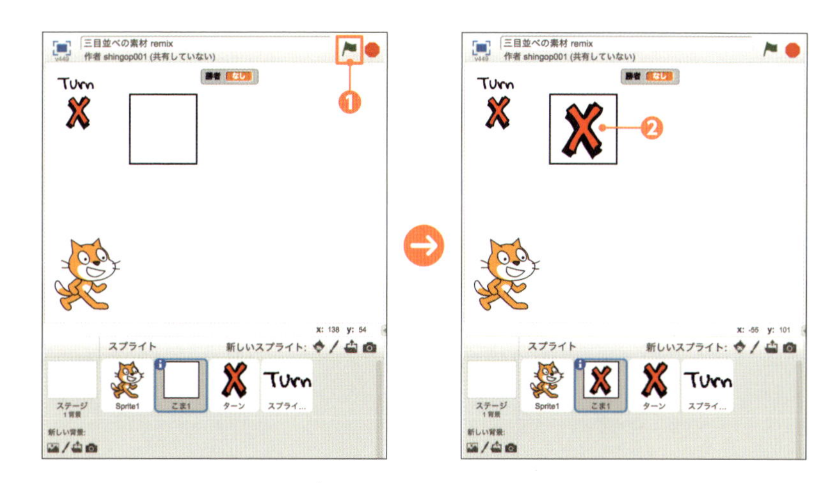

もし上図のように切り替わらないようでしたら、これまでに作ってきたプログラムのどこかにミスがあるということです。ここであきらめずに、もう一度見直してみてください。

[POINT] プログラミングとは修正の繰り返し

多くのプログラミングにおいて、書いたプログラムが一発ですべてが成功することは稀です。通常は、さまざまなミスやエラーを何度も修正しながら完成させていきます。ですから、一度くらいのミスで意気消沈してはいけません。最後には必ずきちんと動作するプログラムが完成しますので、あきらめずに読み直してください。なお、このような作業のことを、プログラミング用語では「デバッグ」といいます。

Section
07 ９マスの盤面を作ろう！

ここからは、既存のスプライト「こま１」を使って、３×３の９マスの盤面を作っていきます。

1 ［スプライト］エリアで「こま１］を右クリックして、［複製］をクリックします❶。

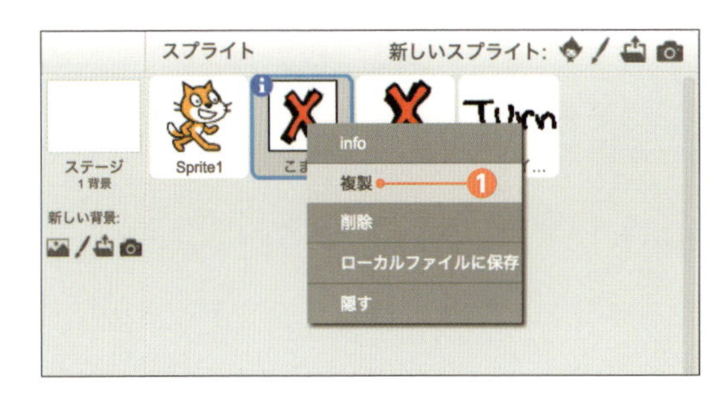

2 ［こま２］が作成されるので❷、ドラッグして［こま１］の右隣に配置します❸。

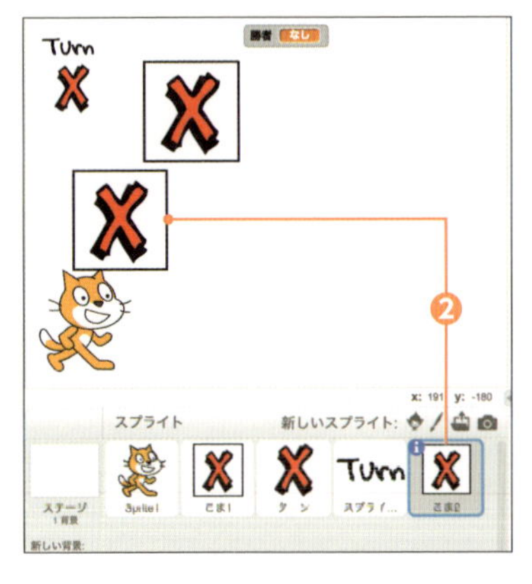

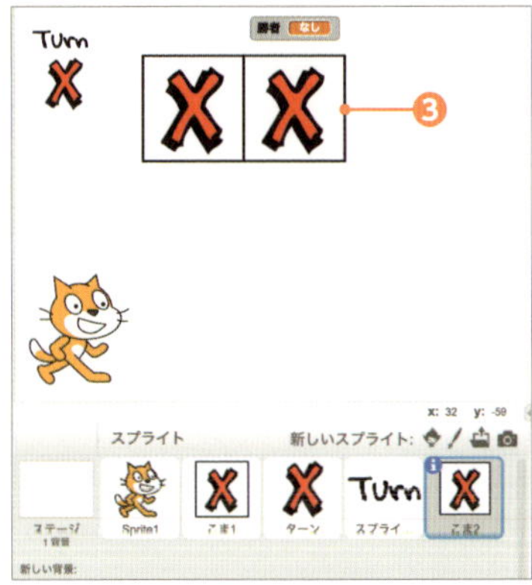

3 ［こま2］には［こま1］に対して作ったプログラムがそのまま引き継がれています。これを修正します。［スプライト］エリアで［こま2］を選択して❹、［スクリプト］タブを選択し❺、条件分岐処理の「1番目」の部分を「2番目」に変更します（2箇所）❻❼。

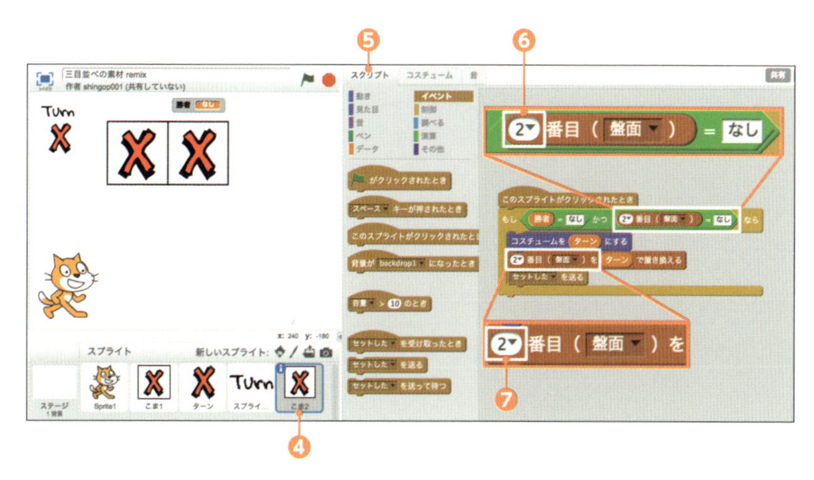

4 同様の手順を繰り返し、［こま9］まで作成し❽、各こまのスクリプトも修正します❾。例えば、［こま9］のスクリプトでも上記と同様に2箇所を「9」に修正します❿。

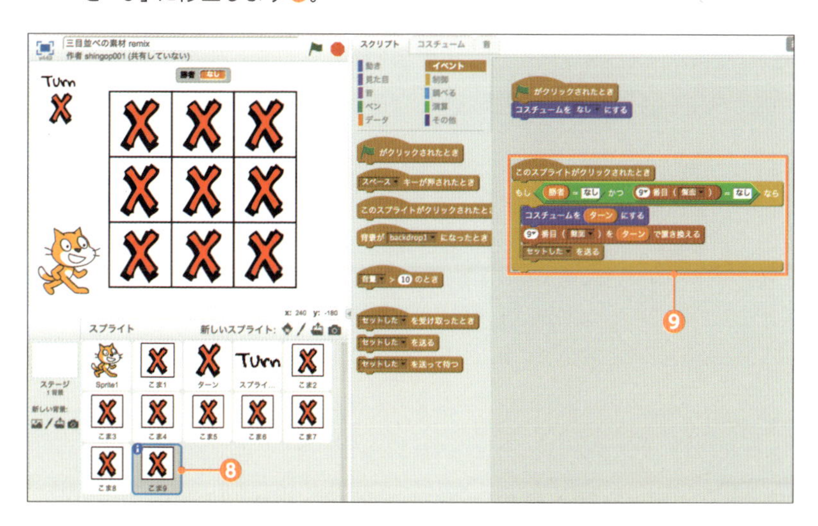

❿

```
このスプライトがクリックされたとき
もし 勝者 = なし かつ 9▼ 番目 ( 盤面▼ ) = なし なら
  コスチュームを ターン にする
  9▼ 番目 ( 盤面▼ ) を ターン で置き換える
  セットした▼ を送る
```

これまでの作業で、9つすべてのマス目をクリックできるようになりました。しかし、クリックすると必ず「×」になると思います。なぜなら、まだ「○」と「×」を切り替える機能を作っていないからです。この切り替える機能（ターンの切り替え機能）を次節でプログラミングしていきます。

[POINT] スプライトの名前の変更と詳細情報

既存のスプライトに設定してある名前やその他の情報は[info]情報で確認・変更ができます。スプライトの[info]情報を表示するには、[スプライト]エリアで対象のスプライトを右クリックして[info]をクリックするか❶、または、スプライトの左上にあるⓘをクリックします❷。

ここで名前を変更したり❸、他の項目を確認できます❹。元の画面に戻るにはを◀クリックします❺。

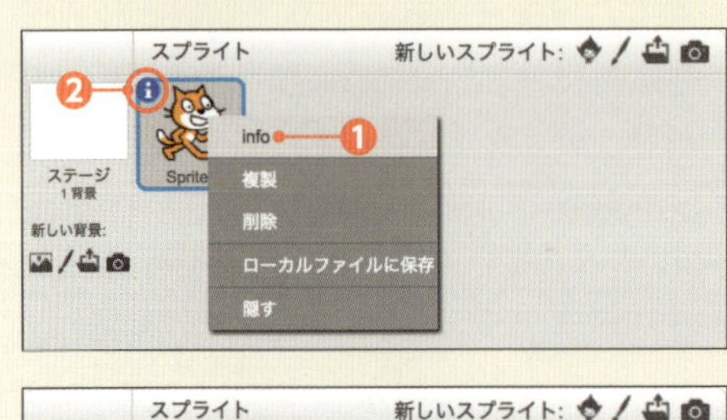

Section

08 ターンの切り替え機能を追加する

ここでは、ターンの切り替え機能をプログラミングします。この機能を追加することで「×」と「○」を交互に入力することができるようになります。

1 [スプライト]エリアで[ターン]を選択して❶、[スクリプト]タブを選択します❷。ここにはp.181で追加した初期化処理が組み立てられています❸。この初期化処理とは別の処理を追加します。
[イベント]カテゴリを選択して❹、「セットした を受け取ったとき」をドラッグします❺。

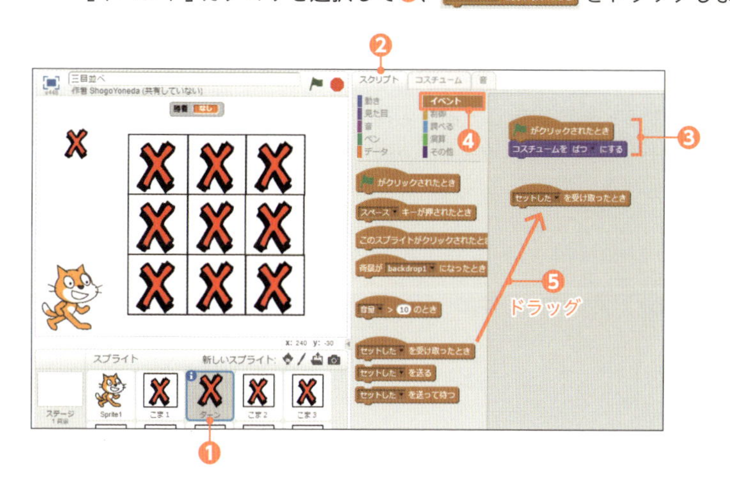

memo

ここで処理の起点となる「〈セットした〉を受け取ったとき」の〈セットした〉という文字は、p.189でスプライト[こま1]に設定した文字です。つまり、各こまが〈セットした〉という文字を送信するたびに、[ターン]のこれから記述する処理が実行される、という流れになります。

2 [制御] カテゴリを選択して❻、

を連結します❼。

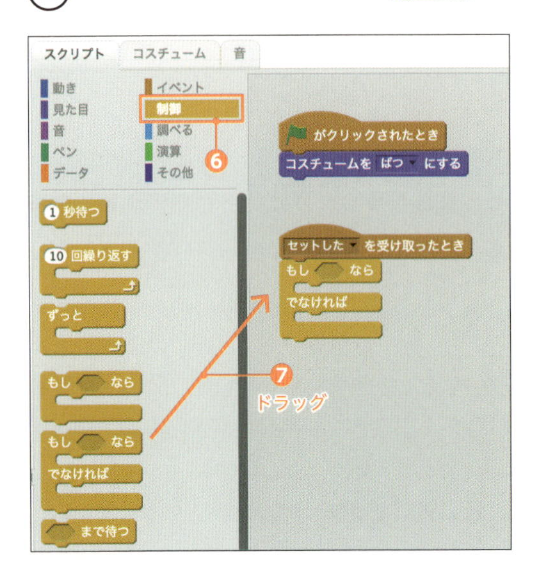

3 前項までに学んできたプログラミング力を総動員して、下図のように各ブロックを組み合わせます❽。わからない場合は p.185 ～ p.187 辺りを参考にしてください。

これでターンの切り替え機能は完成です。上記のブロックの処理内容は次のとおりです。

- もし、[ターン] が「ばつ」なら、[ターン] を「まる」にする
- そうでなければ、[ターン] を「ばつ」にする

「**そうでなければ**」とは、具体的には［ターン］が「まる」である状態を指します。つまり、「ばつ」のときは「まる」に変更し、「まる」のときは「ばつ」に変更する、という切り替え処理を行っています。これが、p.180で解説した「**条件分岐処理**」です。**指定した条件（もし〜なら）の判定内容（Yes/No）によって実行する処理が切り替わっていることがわかります**。

そして最後に画面上のコスチュームを、**そのときに設定されている［ターン］の状態**（○または×）に変更しています。

この処理のもう1つのポイントは、この処理が実行されるタイミングです。先にも解説したとおり、この処理は**9つある［こま］のいずれかがクリックされたタイミング**で実行されます。［こま］の中に組み立てたブロックと、［ターン］の中に組み立てたブロックの関係をきちんと整理しておいてください。

● スプライト［こま］とスプライト［ターン］の関係

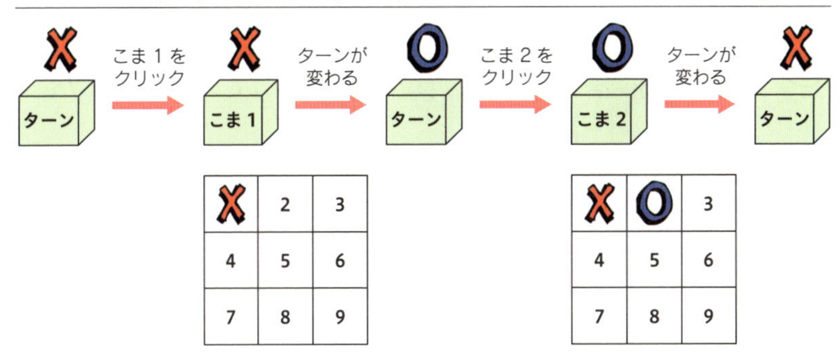

ここまでのプログラミングが完了したら、🏴をクリックしてプログラムを実行し、動作を確認してみましょう。まだ［勝者］の判定はできませんが、🏴をクリックした時点ですべてのマス目が白枠になり、また、○と×を交互に入力できるようになっているはずです。

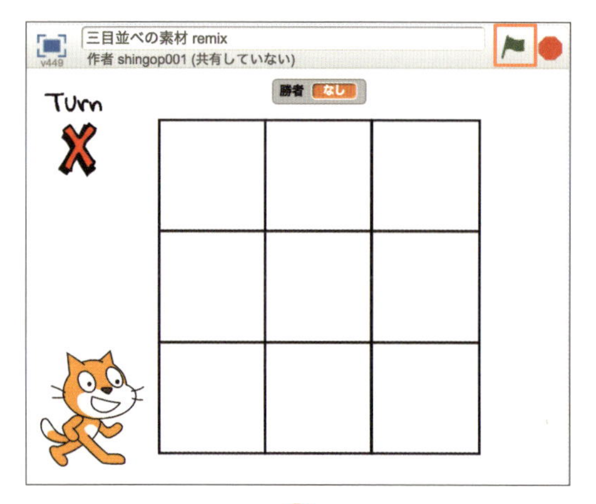
三目並べの素材 remix
作者 shingop001 (共有していない)
v449
勝者 なし
Turn

三目並べの素材 remix
作者 shingop001 (共有していない)
v449
勝者 なし
Turn

Section
09 勝ち負け判定の実装

いよいよ最後の処理です。最後は「**ゲームの勝ち負け判定の機能**」をプログラミングします。

勝ち負け判定機能を実装しよう!

勝ち負け判定機能は「ゲーム全体」に関わる機能なので、個別のスプライトに記述するのではなく、ゲーム全体のプログラムを制御する「**ステージ**」に設定します。

1 [スプライト]エリアで[ステージ]を選択して❶、[スクリプト]タブを選択します❷。ここにはp.173で追加した初期化処理が組み立てられています❸。
今回は初期化の処理とは別の処理を追加します。[イベント]カテゴリを選択して❹、セットした を受け取ったとき を配置します。

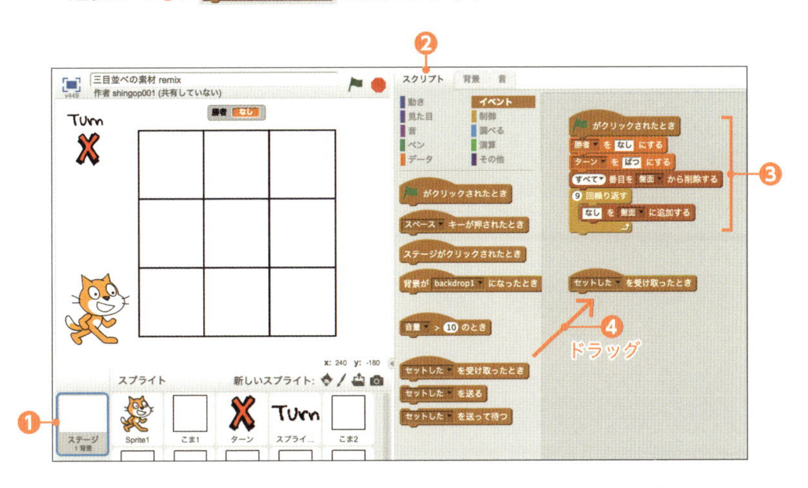

[POINT]

セットした を受け取ったとき の利用

ここで処理の起点として利用しているブロック セットした を受け取ったとき は、前項で実装した「ターンの切り替え機能」でも利用したブロックです（p.195）。そして、この〈セットした〉という文字の送信は、９つの各マス目（こま）に設定されている機能です。つまり、９つのマス目のうちのいずれかがクリックされるたびに、これから記述する「勝ち負け判定の機能」も実行されるということです。このことは、とても重要ですので覚えておいてください。

2 ［制御］カテゴリの もし なら を連結し、［データ］カテゴリの 勝者 を 0 にする を埋め込んだうえで、下図のように設定します❺。

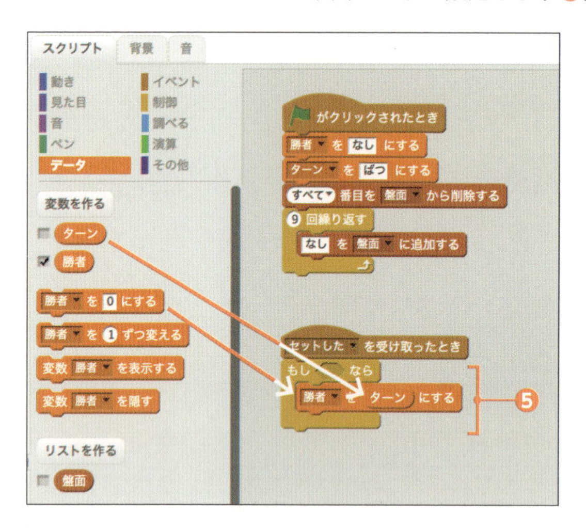

3 条件式の中に［演算］カテゴリの かつ を埋め込み❻、さらにその右辺に再度 かつ を埋め込みます❼。

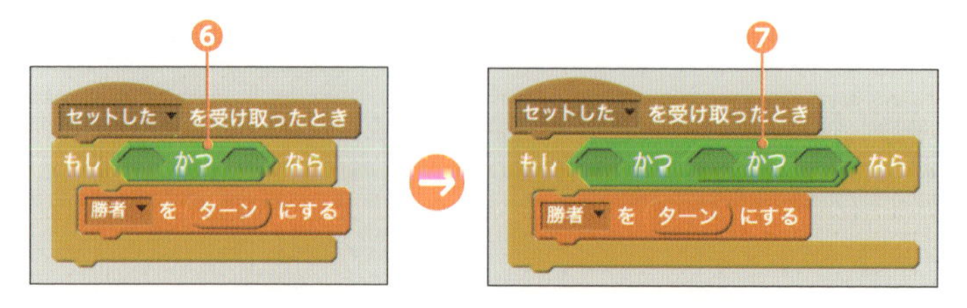

4 ［演算］カテゴリの [ ]=[ ] をすべての空き項目に埋め込みます❽（全部で３ヵ所）。

5 １つの勝ちパターンとして、マス目１、マス目２、マス目３（最上部の横一列）のすべてが「○」または「×」であれば、そのターンの勝利になるので、その条件を記述します❾。

6 ９つのマス目から構成される○×ゲームでは、全体で８種類の勝ちパターンがあります。上記と同様の条件式を記述するために、条件式の「もし」の上あたりで右クリックして、［複製］をクリックします❿。

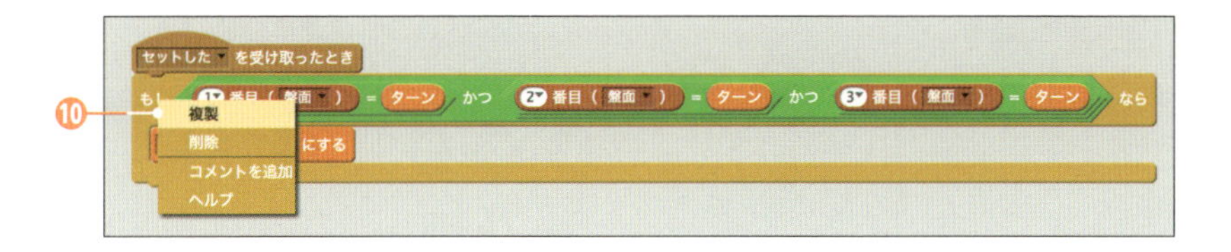

7 条件式が丸ごと複製されるので、元の条件式の下部に連結し、条件を変更します。下図では４マス目、５マス目、６マス目（中段の横一列）がどちらかのターンで揃ったときの条件に変更しています⓫。
そして、同様の処理を繰り返し、全勝ちパターン分の条件式を連結します⓬。８つある勝ちパターンすべての条件式を連結すれば作業完了です。

```
もし (1番目(盤面) = ターン) かつ (2番目(盤面) = ターン) かつ (3番目(盤面) = ターン) なら
  勝者 を ターン にする
もし (4番目(盤面) = ターン) かつ (5番目(盤面) = ターン) かつ (6番目(盤面) = ターン) なら   ⓫
  勝者 を ターン にする
もし (7番目(盤面) = ターン) かつ (8番目(盤面) = ターン) かつ (9番目(盤面) = ターン) なら   ┐
  勝者 を ターン にする                                                                   │
もし (1番目(盤面) = ターン) かつ (4番目(盤面) = ターン) かつ (7番目(盤面) = ターン) なら   │
  勝者 を ターン にする                                                                   │
もし (2番目(盤面) = ターン) かつ (5番目(盤面) = ターン) かつ (8番目(盤面) = ターン) なら   │
  勝者 を ターン にする                                                                   ├ ⓬
もし (3番目(盤面) = ターン) かつ (6番目(盤面) = ターン) かつ (9番目(盤面) = ターン) なら   │
  勝者 を ターン にする                                                                   │
もし (1番目(盤面) = ターン) かつ (5番目(盤面) = ターン) かつ (9番目(盤面) = ターン) なら   │
  勝者 を ターン にする                                                                   │
もし (3番目(盤面) = ターン) かつ (5番目(盤面) = ターン) かつ (7番目(盤面) = ターン) なら   │
  勝者 を ターン にする                                                                   ┘
```

● マス目の番号と勝ちパターン

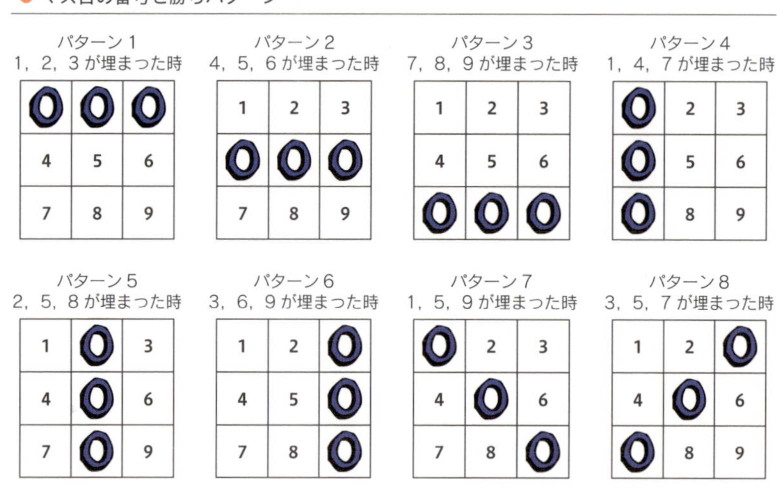

これで、勝利の条件が満たされた際に、変数［勝者］にそのときの変数［ターン］の値（「まる」または「ばつ」）がセットされるようになります。

「勝者＝なし」の場合の処理

勝者が決まっていない場合の処理も必要です。内容はとてもシンプルですがこの処理がないと正常に動作しません。

1 ［制御］カテゴリから もし なら でなければ を連結し、下図のような条件を設定します❶。

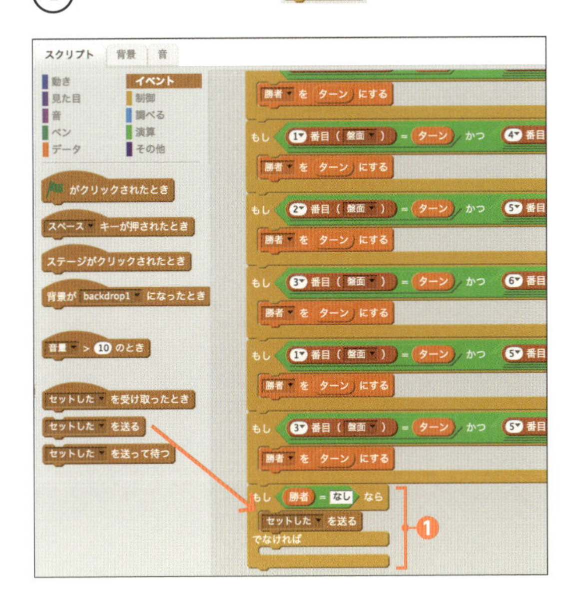

2 送信するメッセージを変更します。［セットした］の右側にある▼をクリックして❷、［新しいメッセージ］を選択し❸、「つぎのターン」と入力して❹、［OK］ボタンをクリックします❺。

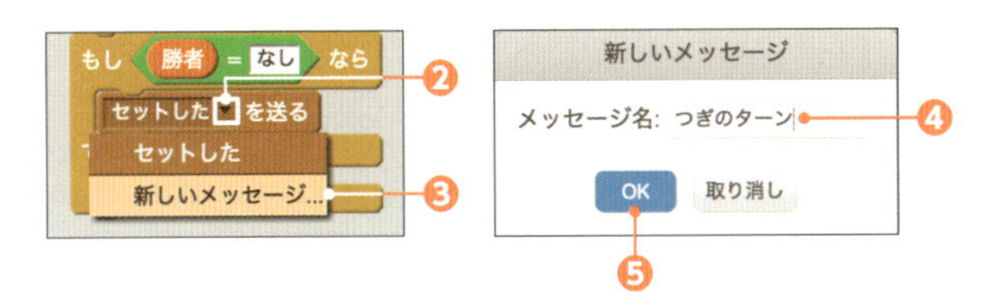

3 送信するメッセージが変更されて、下図のようになったら完成です❻。[でなければ] の下に空欄が残ったままですが❼、ここには次項で説明する効果音を入れますのでとりあえずは空欄のままにしておいてください。

効果音の追加

Scratchでは「音」を扱うこともできます。まったくの無音だとせっかくのゲームもさみしいものになってしまうので、最後に効果音を追加してみましょう。

1 [スプライト] エリアで [ステージ] を選択して❶、[音] タブを選択します❷。ここでは独自に音声を録音することも可能です。
今回は [音をライブラリーから選択] アイコンをクリックします❸。

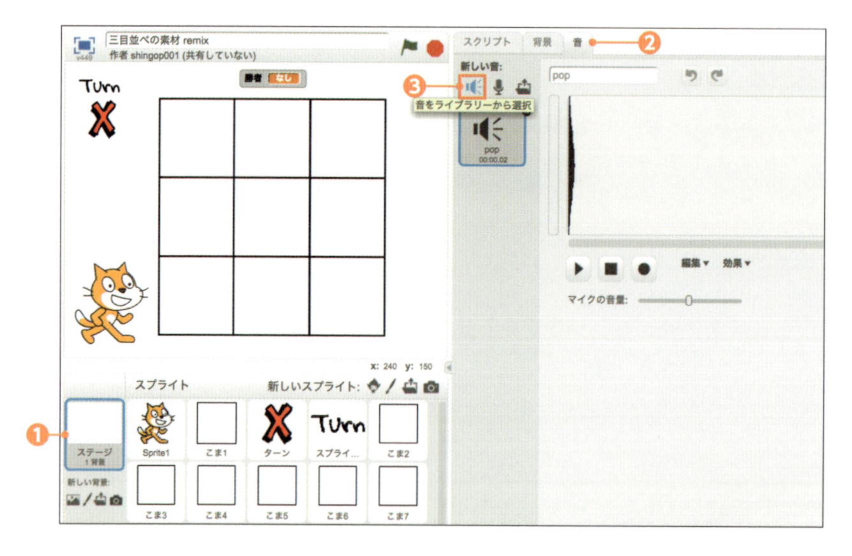

2 ［効果］カテゴリを選択して❹、［water drop］を選択し❺、［OK］ボタンをクリックします❻。

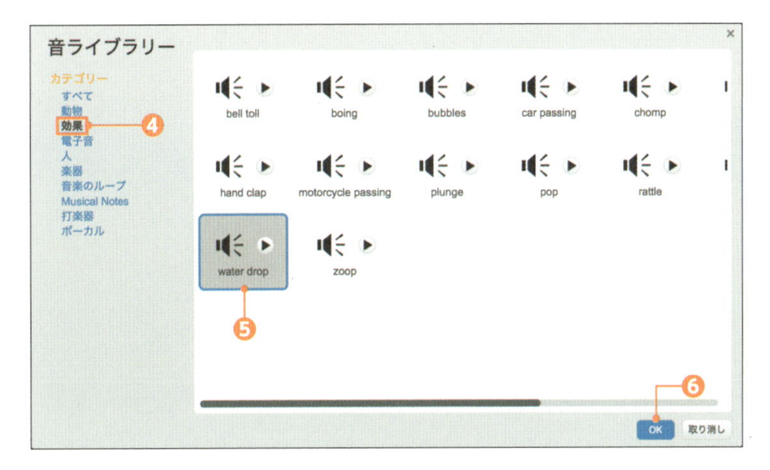

3 ○×ゲームに効果音を追加します。［スクリプト］タブを選択して❼、［音］カテゴリを選択し❽、［water drop の音を鳴らす］を下図の位置に連結します❾。これでマス目がクリックされるたびに効果音が流れるようになります。

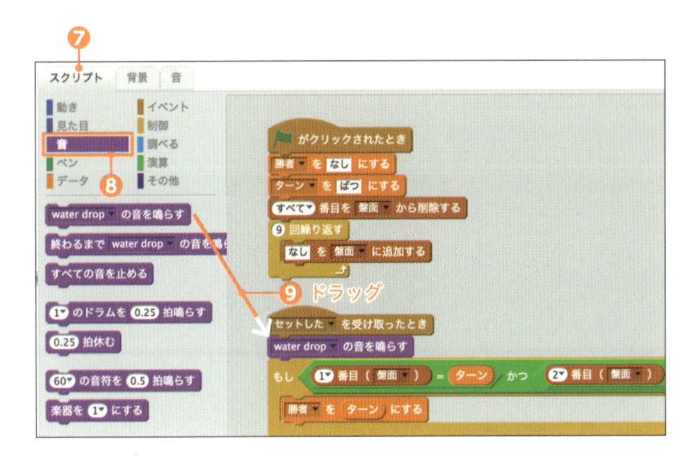

4 最後に、勝者が決定したときの効果音を設定します。上記と同様の手順で、今回は［人］カテゴリ内の［cheer］音を追加して、前項で空欄のままにしておいた最下部のブロックに効果音を追加します⑩。これで勝者が決まった瞬間に歓声が鳴り響きます。

最後の仕上げ

ここまでの作業でほぼすべてのプログラミングが終わったのですが、最後に1つだけ不具合が残っています。現時点のプログラムでは、勝敗が決まったにも関わらず、スプライト［ターン］がクリックに反応してしまいます。最後にこのスプライト［ターン］を修正します。

1 ［スプライト］エリアで［ターン］を選択して❶、受け取るメッセージの箇所の▼をクリックして❷、現状の「セットした」から「つぎのターン」に変更します❸。

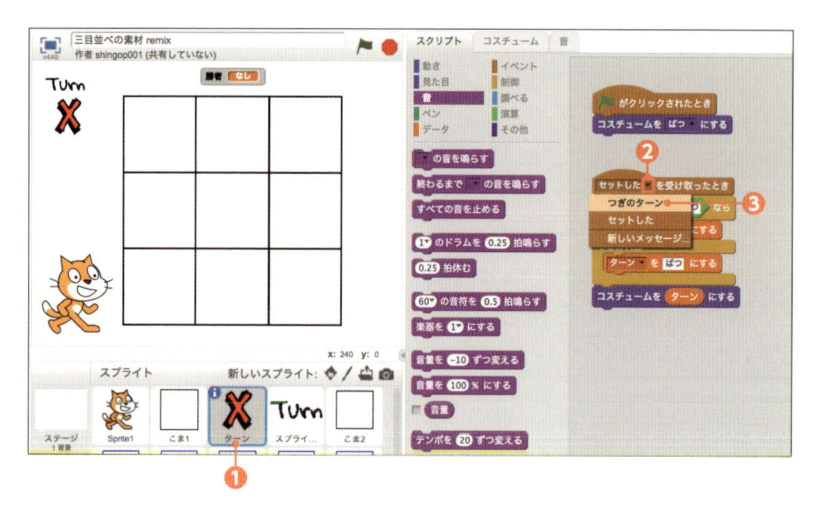

2 スプライト［ターン］のスクリプトが下図のようになれば❹、今回のプログラムは完成です。

つぎのターン を受け取ったとき
もし ターン = ばつ なら
ターン を まる にする
でなければ
ターン を ばつ にする
コスチュームを ターン にする

3 🏴をクリックして○×ゲームをスタートして楽しんでください❺。

プログラムが正常に動作しない場合

もしプログラムが正常に動作せず、かつ問題の箇所が特定できない場合は、本書の読者用に作成してある完成サンプルを参照してみてください。以下のURLにアクセスして、画面の右上にある［中を見る］ボタンをクリックしてください❶。すると、公開してある完成サンプル内のすべてのプログラムを確認できます。みなさん自身の作成したプログラムとどこが異なるのか1つずつ確認してみてください。

URL https://scratch.mit.edu/projects/119349162/

このように、Scratchでは他者が公開しているプログラムの中身を確認することができます。この点は、学習者にとってとても便利ですし、重要です。次章ではそのことについて少し解説します。

Chapter 09

他者のプログラムを活用することの大切さ

The importance of practical use of others programmes.

Chapter 09

Section

01 「他者のプログラムを使う」ということ

Scratchの概要を説明した際に、Scratchの大きな特徴の1つとして「**他者が公開しているプログラムをもとにアレンジして、自由にカスタマイズできる**」ということをお伝えしました(p.116)。

ここでは、実際に現在公開されている「他者が作ったプログラム」をもとにして自分のプロジェクトを作成する方法を紹介します。プログラムのすべてを一から作るのは大変ですが、既存のプログラムを利用すれば、作業の手間を大幅に軽減できます。

また、他者が作ったプロジェクトやプログラムの中身をたくさん見ることは、Scratchに限らず、プログラミング・スキルを習得するうえで非常に大切です。ぜひいろいろなプロジェクトを体験し、そのうえで、その仕組みを実現しているプログラムの中身を参照してください。

1 今回は懐かしい「ピンポンゲーム」を検索してみます。Scratchのトップ画面で[見る]をクリックし❶、画面上部の検索枠に「GLITCH PONG」と入力し、検索を実行します❷。

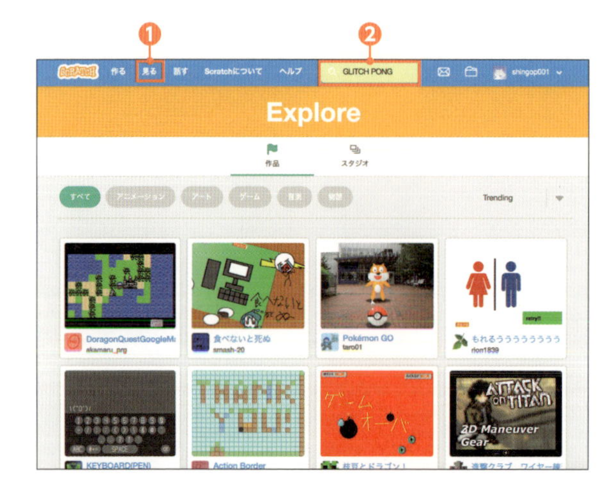

2 検索を実行すると複数の検索結果が表示されます。ここでは元祖の「GLITCH PONG」であるcatfishboy10氏が作成した「GLITCH PONG」をクリックします❸。

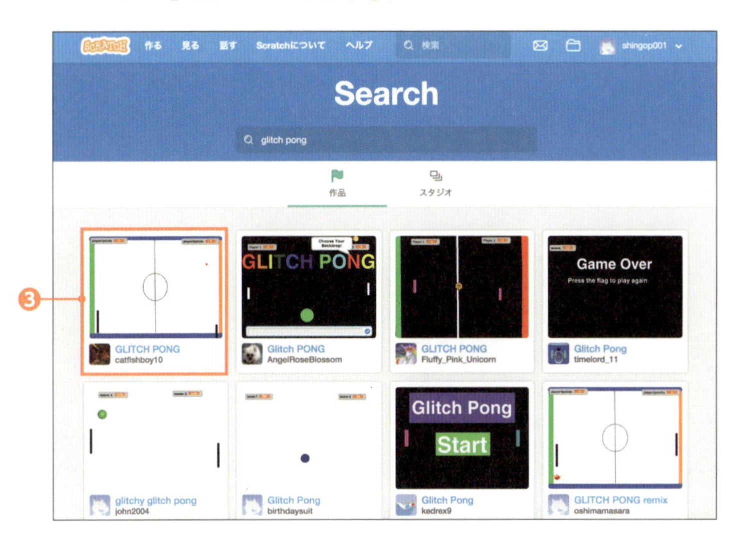

3 どのようなゲームかを判断するために、一度プレイします。画面中央の緑色の旗をクリックするとゲーム開始です。左右のバーは、キーボードのW Sキー、および↑↓キーで操作します。

ゲームが気に入った場合は画面右上の［中を見る］をクリックします❹。

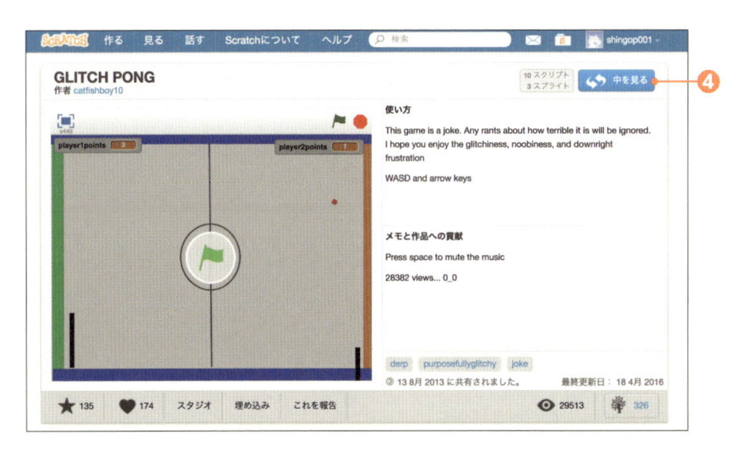

4 スプライトやステージを選択すると❺、「GLITCH PONG」がどのような仕組み（プログラム）で実現されているかを確認できます❻。このゲームを自分用にアレンジ（編集）する場合は、画面右上の［リミックス］をクリックします❼。

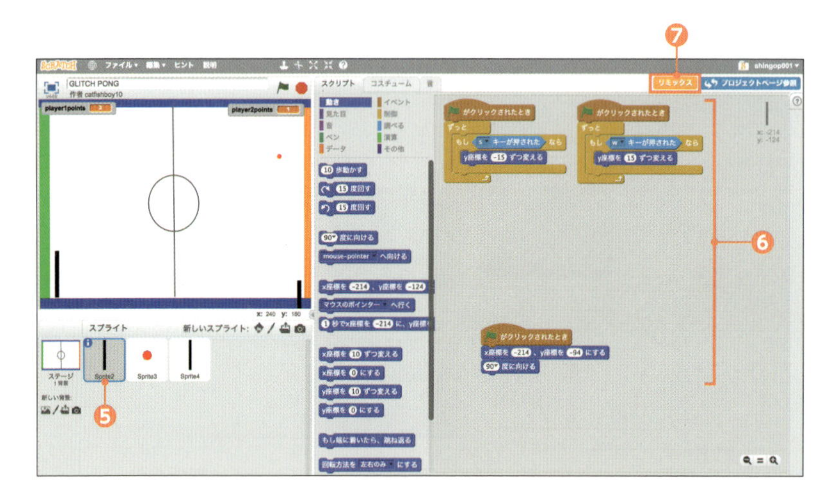

5 確認画面が表示されるので［OK、Get it］をクリックします❽。これで他者が制作したプログラムが、自分のプロジェクトページに追加されます。後は自由にカスタマイズすることができます。

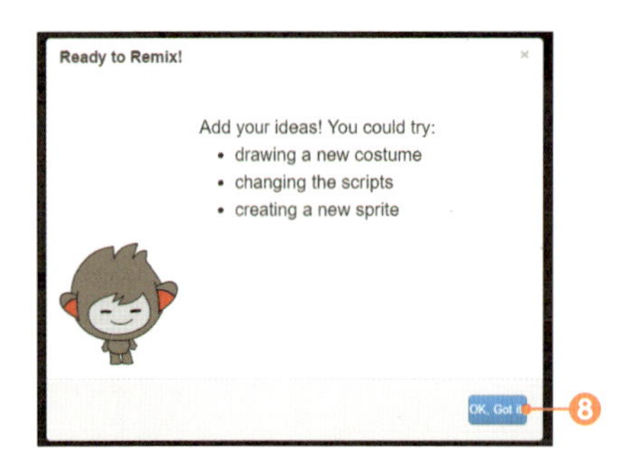

このように、Scratchでは世界中のスクラッチャー（Scratchの利用者）が制作・公開した既存のプログラムを自由に自分のプロジェクトに取り入れ、そしてカスタマイズすることができます。

Chapter 09

Section

02 他者のプログラムを解読してみよう！

他者が制作したプログラムを元にしてカスタマイズするためには、あらかじめ元のプログラムの構成や仕組みを把握しておくことが必要です。

本項では、他者が公開しているプロジェクトのプログラムを確認する方法を解説します。なお、ここでは、各プログラムを詳細に理解することではなく、全体の操作方法を把握することに注力してください。

「GLITCH PONG」には、ゲームの背景以外に3つのスプライトが用意されています。2つのバーとボールですね。それぞれに記述されているプログラムを見てみましょう。

2つのバーのプログラム

1 [スプライト]エリアでバーを選択します❶。すると、右の[スクリプト]エリアにプログラムが表示されます❷。

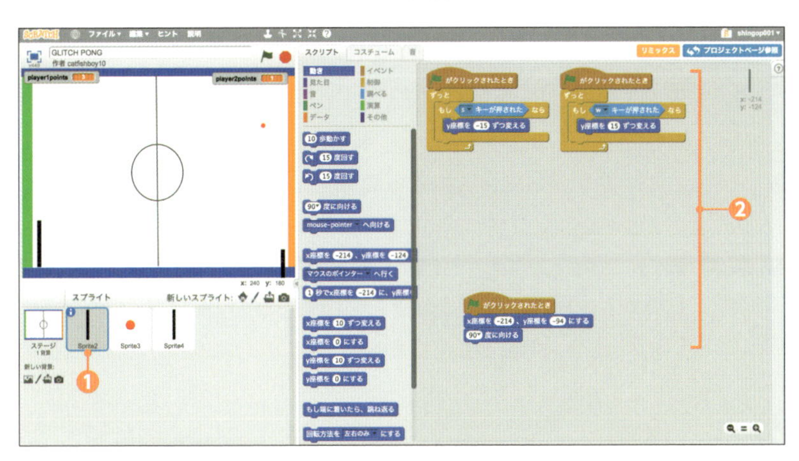

2 プログラムは大きく 3 つの処理に分かれています。

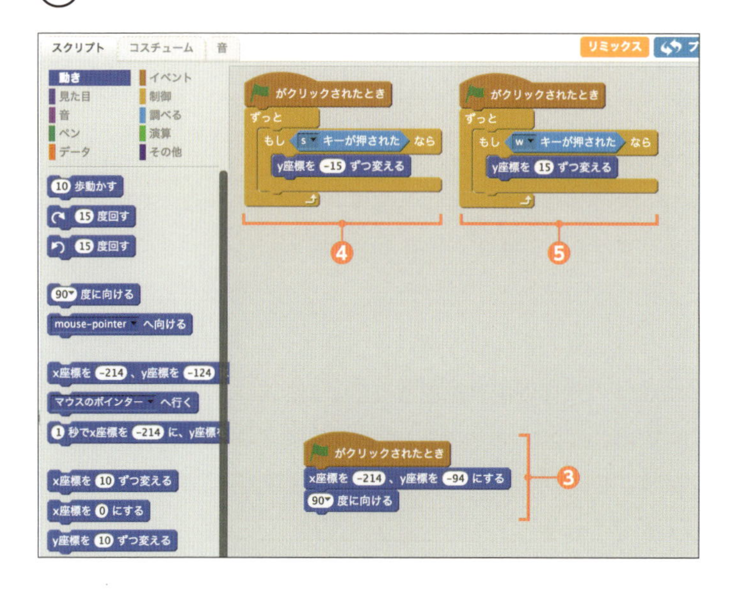

1. バーの位置を初期化する処理❸。ここではプログラムがスタートした時点で左側のバーを［x 座標を -214、y 座標を -94］の位置に設定し、［90 度］に向けることで位置を初期化しています。
2. バーの位置を下方向へ移動する処理❹。［もし〈s キーが押された〉なら、y 座標を -15 ずつ変える］処理が記述されています。y 座標を -15 にするということは、つまりは下方向へ移動する、ということです。その処理全体が［制御：ずっと］の中に入っているので、ここではSキーを押している間中ずっと、スプライトの y 座標が下方向へ移動しつづけることになります。
3. バーの位置を上方向へ移動する処理❺。仕組みは下方向の場合と同じです。ここではWキーが押された場合に y 座標を 15 ずつ変えています（上方向へ移動しています）。

3 ［スプライト］エリアでもう１つのバーを選択します❻。先に見た左側のバーと基本的な処理は同じです。異なるのはバーを上下するキーの種類です。右のバーでは↓と↑でバーを操作するように設定されています❼。

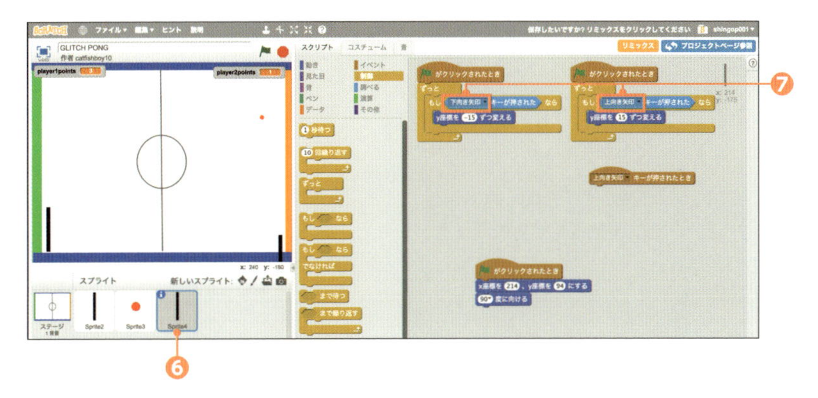

ボールのプログラム

「GLITCH PONG」の主要プログラムはボールのスプライトに設定されています。これまで見てきたコードよりも断然長いのですが、上から順番に１つずつ解説していくので安心してください。

1 ［スプライト］エリアでボールのスプライトを選択します❶。［スクリプト］エリアを見ると長いブロックが表示されます❷。

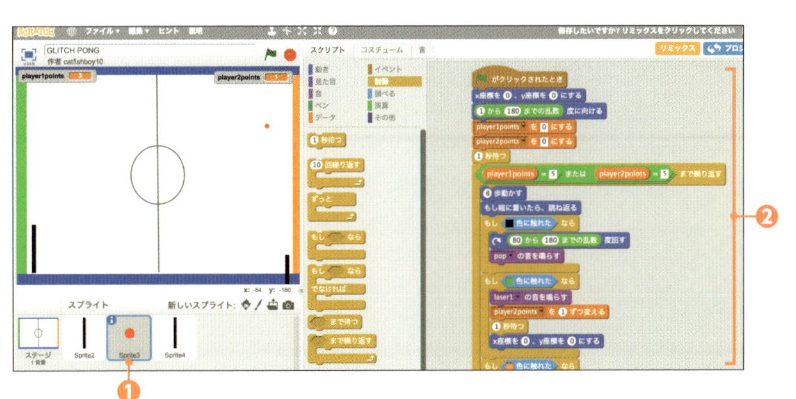

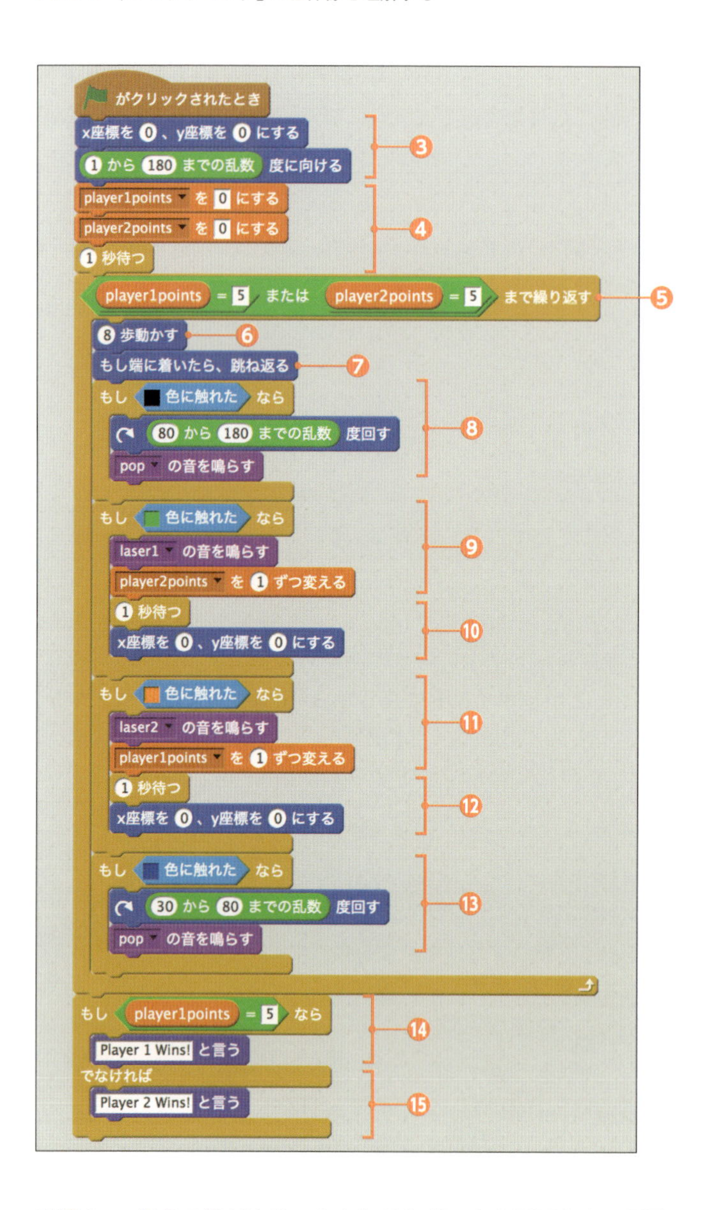

手順 1．　緑色の旗がクリックされるとボールを画面中央に配置し、それと同時に、ボールの進む方向を乱数（ランダム）に設定する❸

手順 2．　両方のプレイヤーのポイントを 0（リセット）にして 1 秒待つ❹

手順 3．　どちらかのプレイヤーが 5 ポイントになるまで手順 4 ～ 11 を繰り返す❺

手順 4.　ボールを 8 歩動かす（歩はボールのスピードを意味する）❻
手順 5.　ボールが端に触れたら跳ね返す（手順6以降のすべての処理の基本指定）❼
手順 6.　ボールが黒色（プレイヤーが操作するバー）に触れたら、適当な方向（80 から 180 度）に跳ね返す。同時に POP 音を鳴らす❽
手順 7.　ボールが緑色に触れたら音を鳴らして、プレイヤー２に１ポイント足す（プレイヤー１の失点）❾
手順 8.　１秒待って、ボールを画面中央に戻す❿
手順 9.　ボールがオレンジ色に触れたら音を鳴らして、プレイヤー１に１ポイント足す（プレイヤー２の失点）⓫
手順 10.　１秒待って、ボールを画面中央に戻す⓬
手順 11.　ボールが青色に触れたら、適当な方向に（30 から 80 度）に反射させる⓭。同時に POP 音を鳴らす
手順 12.　プレイヤー１が５ポイントに達したら「Player 1 Wins !」と表示する⓮
手順 13.　プレイヤー２が５ポイントに達したら「Player 2 Wins !」と表示する⓯

いかがでしょうか。一見すると複雑に見えるプログラムを、順を追って１つずつ理解していけば、ざっくりとではありますが、全体像を把握できたのではないでしょうか。大切なのは**プログラミングの仕組みを理解すること**です。いろいろな完成プログラムを見て、「**なるほど、こうやって作られているのか！**」という体験を１つでも多く積んでいくことで、みなさんの基礎力は飛躍的に向上すると思います。

他者のプログラムをカスタマイズしてみよう！

他者が制作したプログラムの内容を把握できたら、いよいよそれを元にして自分流にカスタマイズしていきます。こうすることで、基本的な部分を自身で制作しなくてすむため、効率良くプログラミングを進める

ことができます。

例えば、「GLITCH PONG」の場合は「ボールの速度」や「表示されるコメント」「ボールの跳ね返る角度(乱数値)」を自分なりに変更することなどが考えられます。また、ボールのデザインやルール(5ポイント制)などを変えることも可能です。いろいろなアイデアを出しながら実現方法を検討してみてください。

COLUMN

Scratchから外の世界へ

Scratchで制作したアプリやゲーム、アニメーションは、いくつかのソフトに展開することができます。プログラミングの腕が上がってきて高度なプログラミング言語を書けるようになれば、Scratchのプロジェクトをアプリ開発やWeb制作にも活用できます。詳しい展開方法については「Porting Scratch Projects」(英語)を参照してください。

● Porting Scratch Projects

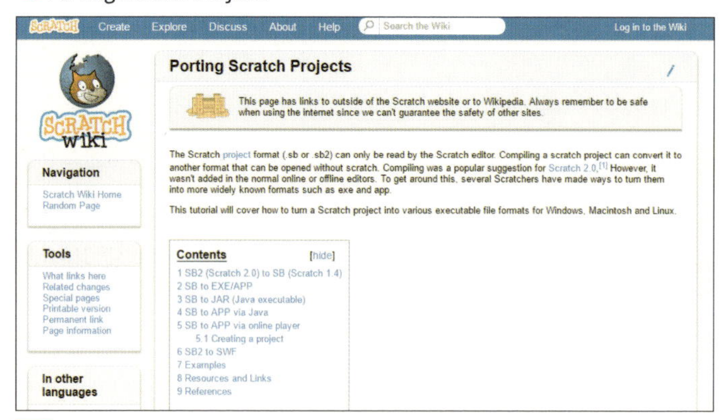

URL https://wiki.scratch.mit.edu/wiki/Porting_Scratch_Projects

日本のプログラミング教育の現状

2013年6月5日に、安倍政権の経済政策「アベノミクス」の「第3の矢」として成長戦略の素案が発表されました。その中の「産業競争力の源泉となるハイレベルなIT人材の育成・確保」の項目に「**義務教育段階からのプログラミング教育等のIT教育を推進する**」と明記されています。中学校の技術家庭科では2012年度から「**プログラムによる計測・制御**」が必修になっていますが、今後さらに義務教育段階のプログラミング教育が拡大していくと予想されます。

●佐賀県武雄市での実証研究

佐賀県武雄市は2014年に、株式会社ディー・エヌ・エー（DeNA）、東洋大学らとともに、産学官連携プロジェクトとして、小学生向けプログラミング教育の実証研究を行うことを発表し、実施しました。

この実証研究では、武雄市立山内西小学校の1年生に対して、実証研究授業として全8回のプログラミング教育授業を、放課後の時間を活用して実施しました。この実証研究の目的は、**初等教育でのプログラミング教育の可能性を検証していく**というものです。公立小学校では全国初の試みでした。

具体的な授業（実証研究）は、次のような内容でした。

- DeNAが独自に開発したiPad用の教材アプリを用いる
- 児童自身が自らオリジナルのゲームやアニメーションを作る
- 最終授業ではその作品を発表し、保護者や他の児童とも共有する

DeNAの公式発表では次のように述べられています。

> 最終授業後のアンケートでは、受講した39名の児童全員が翌年以降も継続して学習したいという意向を示し、児童の保護者の方のご理解、および武雄市教育委員会の協力を継続して得られることになったことを受け、昨年度受講した山内西小学校の新2年生39名に、新たに開発したカリキュラムにて授業を実施できる運びとなりました。
> (中略)
> また、昨年度の授業実施を通じて得られたデータをもとに改修した小学1年生向けカリキュラムを山内西小学校および武雄市立若木小学校(校長：山﨑 健彦)の2校の新1年生(計45名)に対しても2学期以降に提供します。なお新1年生向けの授業は、DeNAの監修のもと、各校の担当教諭が放課後の時間帯に実施する予定です。
> 出所 http://dena.com/jp/press/2015/06/09/1/

またDeNAは同じプレスリリースの中で次のようにも述べています。**「今後もDeNAは、幼少期におけるプログラミングへの接点を増やすことで「ITを用いたものづくりの楽しさ」を体験できる機会を提供し、将来を担う子どもたちの創造力強化に努めていきます。」**

日本ではまだ夜明け前のプログラミング教育ですが、武雄市の好例のように、早いところはすでに、着実な成果をもとにしながら一歩先を進みはじめています。義務教育を受けた日本の若者全員がプログラミングを習得しているという未来もそう遠い話ではありません。

● 日本のプログラミング教育の内容

日本のプログラミング教育は、**文部科学省が管轄する学習指導要領内に定められて運営されています**。戦後まもなくしてはじまった学習指導要領にプログラミングの項目がはじめて加わったのは、1989年です。中学校の選択科目に「情報基礎」として新設されました。情報基礎の具体的な内容は次のとおりです。

- コンピュータの仕組みの理解
- コンピュータの利用方法と簡単なプログラムの制作
- コンピュータの利用
- 日常生活や産業の中で果たしている情報やコンピュータの役割と影響

授業時間は、学校によって異なりますが、年間25時間から35時間程度でした。当時、情報基礎は選択科目だったため、学校によっては授業時間ゼロというところもあったと報告されています。一方で、情報基礎を受けた生徒の満足度は高かった、と記されています。

● プログラミング科目の変遷

今日までの学習指導要領における「プログラミング科目」は変遷は次のとおりです。

1989年　中学校の選択科目に情報基礎が新設
1998年　中学校の技術・家庭科で「情報とコンピュータ」が必修化。
　　　　また小中高の各段階を通じて、従来の授業にコンピュータやネットワークを積極的に活用することが明記。
　　　　高校では普通科に「情報」科目が必修科目に加わる
2008年　中学校の技術・家庭科の授業で「プログラムと計測・制御」が必修化
2020年　小学校でプログラミング授業が必修化予定
2021年　中学校でプログラミング授業が必修化予定
2022年　高等学校でプログラミング授業が必修化予定

年表の示すとおり現在では、**プログラミングは中学校の技術・家庭科で教えられています**。学習時間は学校によって異なりますが、**年間7時間から12時間程度**となっており、非常に少ないことがわかります。

授業内容も各校によって異なりますが、一例を挙げると、**プログラミン**

グ的思考をモデルカーを使って体験できる「ビュートローバー」[*1]や、**アルゴリズムを体験できる「アルゴロジック」**[*2]、本書でも解説している**ビジュアル・プログラミング言語「Scratch」**が使われています。また、高等学校ではより専門性の高い情報科などで、プログラミングを学習できる環境になっています。

● 義務教育化への今後の動き

現在文科省で検討中のプログラミング教育の学習課程には、現時点では以下の内容が盛り込まれています。

- ネットワークを用いた情報の収集・発信
- 課題解決の実践と評価
- プログラミングを用いた問題解決
- データベースを用いた問題解決
- 情報社会の課題についての調査や討議
- 情報モラルの理解と実践

具体的な授業時間やカリキュラムについては現在、有識者会議によってプログラミング教育の中身が話し合われていますが、現段階では、**小学校においては特定のプログラミング言語を学習するのではなく、プログラミング的思考を養い、将来の可能性を広げることや問題解決能力を養うことに重きが置かれるのではないか**と考えられています。

● 日本で開催されているプログラミング・コンテスト

プログラミング教育の発展を後押しする活動の1つに「**プログラミング・コンテスト**」があります。プログラミング・コンテストとは読んで字のごとく、プログラミング力を競う大会です。世界中でさまざまなコンテスト

＊1 「ビュートローバー」(http://www.vstone.co.jp/products/beauto_rover/)
＊2 「アルゴロジック」(http://home.jeita.or.jp/is/highschool/algo/)

が開かれていますが、日本でも昨今、いろいろなコンテストが開かれているので主なものをいくつか紹介します。

● 主なプログラミング・コンテストの例

コンテスト名	概要
U-22 プログラミング・コンテスト	経産省、文科省、総務省などが後援している。小学生から大学生までさまざまな年代の人が応募、受賞している URL http://www.u22procon.com/
PROGRAMMING CONTEST	高等専門学校連合会が主催するコンテスト。ロボコンのプログラミング版。アプリから IoT まで「さすが高専」という、幅広いジャンルの作品を見ることができる URL http://www.procon.gr.jp/
中高生国際 Ruby プログラミングコンテスト	プログラミング言語「Ruby」に特化したコンテスト。アプリやゲームなどが応募されている URL http://www.mitaka.ne.jp/ruby/index.html
セキュリティ・キャンプ全国大会	22 歳以下の学生を対象とした 4 泊 5 日の合宿。経産省が共催で、国の情報セキュリティ力 UP を目標に、高度なプログラミング教育を受講できる。完全無料 URL https://www.ipa.go.jp/jinzai/camp/index.html
アプリ甲子園	中高生を対象とした、スマホ向けアプリ開発コンテスト URL https://www.applikoshien.jp/

● U-22 プログラミング・コンテスト

● アプリ甲子園

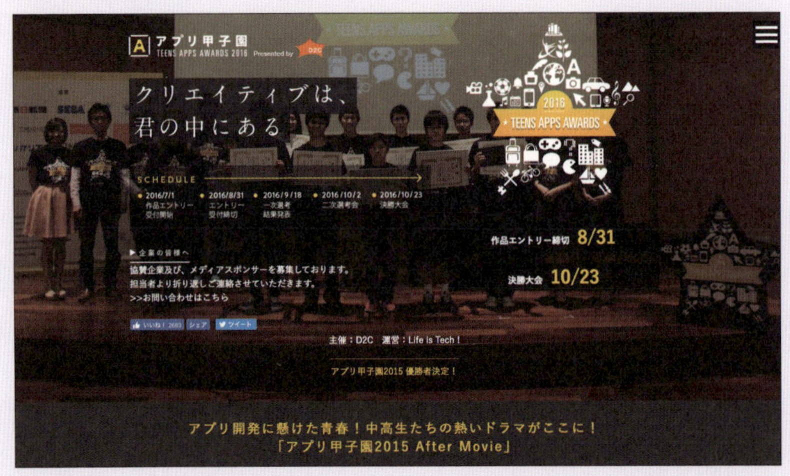

最後に、世界の他国と比べると、日本のプログラミング教育は現時点では後れをとっていますが、これは見方を変えると「**十分に伸びしろがある**」と考えることもできます。ゲーム好きで、算数が得意な日本文化ですから、基本的な部分ではプログラミングとの相性も良いと思います。「プログラミング」という科目が定着し、そして人気になると、10年後、20年後の日本の技術力が飛躍的に向上することも夢ではありません。とても楽しみです。

Part 4

入門者からの脱却
～もう１つ上のステップへ～

Move to the next step.

Chapter 10

どのプログラミング言語を学ぶべきか

Which programming language is the best for you?

Chapter 10

Section

01 プログラミング言語の種類

本書の第２部で紹介した学習サービスや教材アプリに真剣に取り組んだ人は、すでに**プログラミングの基本的な考え方**や、「プログラマー的思考法」「問題を解く手順（アルゴリズム）」「制御構文」といった、**プログラミングをするうえで必須の基礎知識**を習得できていると思います。また、論理的思考法（ロジカルシンキング）や問題解決力の向上、基本的なITリテラシなどもある程度は学習が進んできているのではないでしょうか。

一方で、みなさんに何か具体的な目標や目的、例えば「新しいWebサービスを生み出したい」や「iPhoneアプリを作りたい」「人工知能の世界で活躍したい」「エンジニアとしてのスキルを養いたい」といったものがある場合、残念ながら今のままではそれらの目標・目的を叶えることはできません。もう１つ上のステップへ歩みを進める必要があります。それはつまり、**本格的なプログラミング言語**の学習をはじめることが必要になるということです。

本章では、世の中にたくさん存在するプログラミング言語の種類と特徴を概観します。ですので、これからどの言語を学んでいけば良いかわからずに悩んでいる人はぜひ本章を読み進めてください。

一方で、すでに学ぶ言語が決まっている人は読み飛ばしていただいても構いません。

8000種類以上もあるといわれているプログラミング言語

私たち人間が使う言語にも、日本語、英語、フランス語、イタリア語、中国語といった多数の種類があるように、プログラミング言語にもさまざまな種類が存在します。その数は**8000種類以上**にも及ぶといわれています(ただし、現実的に多くのシステムや産業で広く使用されているプログラミング言語は**20～30種類**ほどです)。これらの中から、みなさんの目的に合った言語を選定し、学習を進めていくことになります[*1]。

なぜプログラミング言語は多数あるのか

なぜこれほど多くのプログラミング言語が存在するのでしょうか。プログラミング言語が何千種類もある理由は1つではありませんが、最大の理由は「**すべての用途に使える万能なプログラミング言語が存在しないから**」です。本書のPart1 (p.26)でも解説しましたが、現在ではさまざまな場所でプログラムが活用されています。パソコンの中はもちろんのこと、スマートフォンの中にもプログラムは無数にあり、Webシステム、クラウド、自動車、家電などあらゆるところでプログラムが使われています。

● プログラムはさまざまな場所で使われている

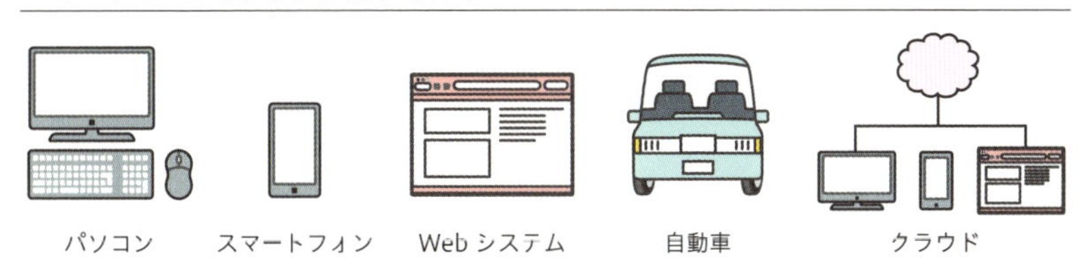

そして、それらのプログラムの用途や目的はすべて異なります。これを1つの言語で賄うのは現時点では不可能です。そのために、それぞれ

＊1　本書では広く世界中の人々が簡単に利用できるプログラミング言語を解説の対象としています。特定のシステムや特定の会社内のみでしか利用できないような、使用用途が極めて限られているプログラミング言語については触れていません。

の用途・目的ごとに最適なプログラミング言語が開発されてきたという経緯があります。

例えば、現実には次のようなプログラミング言語が存在します（それぞれの用途ごとに複数種類の言語があります）。

- スマートフォンのアプリ開発に向いている言語
- 数学や統計学といった高度な数式計算に向いている言語
- ゲーム開発に向いている言語
- 高度なグラフィックを操作できる言語
- Web サイト制作に向いている言語
- 家電や自動車などの特定の処理を制御するために使用する言語

このような形で、**それぞれの状況に最適化された形で各言語は開発されています**。また、これまでになかったまったく新しい概念や機能を持ったプログラミング言語が新登場することもあります。

確かに世の中を見渡せば、似たような特徴を持ち、似たような分野で使われている言語もあるため、「**どっちでも同じようなことができるんだけど、どっちを使えばいいのですか？**」という質問もよく受けるのですが、全部が全部そういうわけではないのです。

［POINT］ **学ぶ言語の選定は慎重に**

上記のように、世の中には用途が似た言語もたくさんあり、どちらの言語でも同じような機能を実現できる場合も少なくありません。しかしその一方で、それぞれに特徴や得意な範囲、学習コストの違いなどがあるので、「似ているからどちらでもいいや」という気持ちで安易に決めるのではなく、似ている場合は、似ているからこそ、どこが違い、どちらのほうがより自分のニーズに合っているのかを調べるようにしてください。それが、プログラミング言語を学ぶ最初の、そして、とても大切な第一歩だと思います。あまり安易に決めないように注意してください。

Section

02 最初に学ぶプログラミング言語の決め方

世の中には無数のプログラミング言語が存在することがわかりました。また、無数にあるとはいえ、主要なものは30種類くらいであることもわかりました。

さて、それでは実際に、はじめて学ぶ本格的なプログラミング言語として、みなさんはどの言語を選定すれば良いのでしょうか。せっかく時間を作って勉強するわけですから、適切な言語を学習対象として選定したいものです。「早く教えろよ」といわれそうですが、残念ながら**筆者の独断と偏見で「●●言語を学びなさい」とはいいにくい現実もあります**。なぜなら、作りたいシステムや実現したいサービスの内容によって、選ぶべき言語が異なるからです。

日本人の多くは外国語として「英語」を学ぶ人が圧倒的に多いですが、それは「英語が世界の共通言語であるから」や「会社が英語力を求めるから」といった、さまざまな理由があると思います。一方で、フランス文学に興味のある人は「フランス語」を学ぶでしょうし、建築の道に進みたい人は「ドイツ語」を学ぶ必要があると思います。

プログラミング言語もこれと同じです。**どの言語を学ぶかは、その人の目的や興味によって異なります**。

そのため、本書ではいくつかの切り口から各プログラミング言語を見ていくことにします。それらを参考にして、みなさん自身に合った言語を選定してください。

目的から学ぶべき言語を決定する

もし、すでにプログラミングで実現したいことがある人は、その目的のモノやサービスを作るために必要な言語を選定してください。「必要は発明の母」ではありませんが、その目的を達成するために必要な言語から取り掛かることが最も効率的ですし、意欲的に学習を継続できると思います。

世の中にあるモノやサービスを実現するためのプログラミング言語は、業界や産業、対象のプロダクトなどによって、すでに決まっている場合も多いので、それを調べることによって、最初に学ぶべき言語が決まります。

例えば、プログラミングを学ぶ目的が「iPhoneアプリを作りたい」という人は迷わず「Swift」という言語を選択すべきです。同様に「Androidアプリを作りたい」という人は「Java」という言語になります。他にも、家庭用ゲーム機器のPlayStation4やWii Uなどのゲームソフトの制作では「C#」という言語が使われていることが多いです。同様に、Webサービスや Webデザインの世界では「JavaScript」「HTML」「CSS」という言語が広く使われていますし、統計解析やビッグデータ分析などの世界では「R」や「Python」という言語が使われています。

このように、すでに何らかの目的がある人は、自ずと学ぶべき言語が決まってくると思います。今はまだ興味のある分野でどのような言語が使われているか知らないという人もいると思いますが、すぐに調べられると思います。また、本書でもp.237から主要言語について、その特徴や利用場面などを紹介するので参考にしてください。

人気から学ぶべき言語を決定する

「現時点では特に明確な目的はない」という人にお勧めなのは、「**世界的に人気のある言語を学ぶ**」という選び方です。何か短絡的で安直な決め方のように思う人もいるかもしれませんが、実は結構賢い決め方の1つだと思います。

人気があるということは、第一に「**需要がある**」ということです。社会的に求められているからこそ、多くの人が学んでいる、という見方ができます。そして第二に「**優れた言語である**」ということもいえます。優れた言語であるからこそ、多くの人が使っているのです。これらの視点は、趣味ではなく、仕事の一環としてプログラミング・スキルを身につけたい人にとっては重要な視点の1つだと思います。

[POINT] 人気ランキングはあまり変動しない！？

次節では、世界的に認知度の高い3つのランキングのベスト10を過去2年分紹介しますが、その際は「ランキングにほとんど変化がない」という点にも注目してみてください。音楽シーンのように毎週のように順位が変わるわけではありません。

大規模なシステムになればなるほど、いったん作った後は数年、数十年かけてメンテナンスと拡張を繰り返しながら、そのシステムを使い続けていくことになります。そのため、途中でシステムのプログラミング言語を変更するなどということは滅多に発生しません。その結果、現在広く利用されている言語が、今後も末永く利用され続けていくことになります。

この点は学習者にとっては安心できる要素の1つではないかと思います。「せっかく時間をかけて習得したのに、次の年にはまったく使い物にならないスキルになってしまった」のような事態は最悪だと思います。その意味でも人気のある言語を学ぶというのは賢い選択方法の1つだと思います。

Section

03 プログラミング言語の人気ランキング

ここでは世界的にも認知度の高い3つのランキングのベスト10を過去2年分紹介します。各ランキングは、順位付けの元となるデータが異なるため、それぞれに順位が異なりますが、いずれも信頼度の高いランキングです。これらのランキングを見て、学習する言語を選定する際の参考にしてみてください。

TIOBEによる人気ランキング

TIOBEは、GoogleやYahoo、Bingなどの「検索エンジンでのトレンド」を計測してランキングを発表しています。

● TIOBE Index

2015年度	2016年度	前年比	プログラミング言語
1位	1位	→	Java
2位	2位	→	C
3位	3位	→	C++
5位	4位	↑	Python
4位	5位	↓	C#
7位	6位	↑	PHP
9位	7位	↑	JavaScript
8位	8位	→	Visual Basic .NET
11位	9位	↑	Perl
12位	10位	↑	Assembly language

出所「TIOBE Index for July 2016」(http://www.tiobe.com/tiobe-index/)

上位3言語は安定的に人気のあるプログラミング言語です。「Java」や「C」(日本では「C言語」と表記されることが多い)などは、多くの人が一度くらいは聞いたことのある言語ではないかと思います。各言語の概要については後述します。

RedMonkによる人気ランキング

RedMonkは、世界中のエンジニアが利用している有名な開発支援サービスの1つである「GitHub」の利用実態と、プログラミングのQ&Aサイト「StackOverflow」内の会話の動向などをもとにしてランキングを発表しています。

● The RedMonk Programming Language Rankings

2015年度	2016年度	前年比	プログラミング言語
1位	1位	→	JavaScript
2位	2位	→	Java
3位	3位	→	PHP
4位	4位	→	Python
5位	5位	→	C#
5位	5位	→	C++
5位	5位	→	Ruby
8位	8位	→	CSS
9位	9位	→	C
10位	10位	→	Objective-C

出所「The RedMonk Programming Language Rankings January 2016」
(http://redmonk.com/sogrady/2016/02/19/language-rankings-1-16/)

RedMonkのランキングでは2015年度と2016年度で変動がまったくありませんでした。人気のある言語はより人気になり、それがさらに人気になる要因となる、といった感じでしょうか。

PYPL PopularitY of Programming Language index

PYPL は、Google の検索エンジンにおける「プログラミング言語のチュートリアルが検索された回数」を指標にしてランキングを発表しています。

● PYPL PopularitY of Programming Language index

2015 年度	2016 年度	前年比	プログラミング言語
1 位	1 位	→	Java
3 位	2 位	↑	Python
2 位	3 位	↓	PHP
4 位	4 位	→	C#
7 位	5 位	↑	JavaScript
5 位	6 位	↓	C++
6 位	7 位	↓	C
8 位	8 位	→	Objective-C
11 位	9 位	↑	R
10 位	10 位	→	Swift

出所「PYPL PopularitY of Programming Language index」(http://pypl.github.io/PYPL.html)

Section

04 主なプログラミング言語の特徴

ここでは前項で紹介した人気ランキングに名を連ねるような、世界的に人気のあるプログラミング言語の特徴を簡単に紹介します。みなさんがこれから学習を進めるプログラミング言語を選定する際の参考になれば嬉しいです。

Java

Java（ジャバ）は、**現在世界で最も使われているプログラミング言語の１つ**です。前項で紹介したランキングでも、２つのランキングで１位、残りのランキングでも２位と、安定した人気を誇っています。

Javaが人気である理由はたくさんありますが、例えば、**OSや機器を選ばずあらゆる環境で動作する点**や、**汎用性や拡張性が高いところ**などが挙げられます。

Javaは、現在ではWebシステム、サーバーインフラ、Androidアプリなど、幅広い分野で利用されています。銀行のシステムや社会インフラを支える重要なシステムにも広く使われているので、流行に左右されることもなく、長く使われ続ける言語の筆頭といえます。

● Javaのメリット・デメリット

Javaを学習するメリットは「**汎用性の高いプログラミング言語の知識をしっかりと学べる点**」です。業務システムで利用されることが多い言語であるため、就職においても有効な武器になります。

一方で、簡単な処理を実行するのにもしっかりとプログラムを書かなければならないため、初心者にとっては比較的学習コストの高い言語といえます。もし個人でシステム開発を考えているのでしたら、筆者としては、Java 以外の言語を選択することをお勧めします。

なお、アメリカでの Java 言語の開発案件が前年比でマイナス 30% になったというデータもあるため、今後は日本も少なからず影響を受けるかもしれません。

● Java のメリット・デメリット

メリット	・プログラミングの基礎知識がしっかりと身につく ・大きな業務システムに採用されやすく、企業ニーズがある ・Android アプリを開発できる
デメリット	・しっかりとしたプログラムを書かなければいけないため、学習難易度が高め ・アメリカでは需要が伸び悩んでおり、今後は日本でも Java の使用を見直す企業が増える可能性がある

上記を踏まえ、次のような人に、最初に学ぶプログラミング言語として Java をお勧めします。

- 流行に左右されず、習得した知識を長く使い続けたい人
- 大規模システムの開発に興味のある人
- Android アプリを制作したい人

C、および C++

日本では「C 言語」と表記されることが多い C（シー）は、1972 年に開発されたプログラミング言語です。また、その後継として 1982 年に開発されたのが C++（シープラスプラス）です。

これらの言語は、**実行速度最速**の異名を持ちます。汎用性が高く、パソコンのソフトやゲーム、機械制御など、非常に多くの分野で使われています。Windows や Linux などの OS にも使われています。他にも、リアルタイム処理が求められる業務システム（証券取引システム）など

にも、C/C++ が採用されていることが多いです。

この言語を習得しておけば、大抵の言語に応用できるため、使いこなせるようになると非常に便利です。

C/C++ のメリット・デメリット

C や C++ を学ぶ最大のメリットは「**コンピュータの基礎やプログラミングの基本的な考え方をしっかりと学習でき、知識の基盤を固めることができる**」ことにあります。

一方で、必要な処理をすべて書く必要があるため、初心者には向かないという声もあります。筆者の体感としては Java よりもさらに難易度の高い言語であるため、初心者が最初に学ぶ言語としてはあまりお勧めできないのが正直なところです。実際に、学習の途中で挫折している人を多数見てきました。

C/C++ のメリット・デメリット

メリット	・プログラミングの基礎知識がしっかりと身につく
デメリット	・しっかりとしたプログラムを書かなければいけないため、学習難易度が高め

上記を踏まえ、次のような人に、最初に学ぶプログラミング言語として C/C++ のいずれかをお勧めします。

- ハードウェアに関連した開発に興味のある人
- プログラミングにどっぷりと浸かりたい人
- ゲーム開発に取り組みたい人

memo

C++ の呼び方

C++ は「シープラスプラス」が正式名称ですが、一般的には「シープラ」や「シープラプラ」などとも呼ばれています。

C#

C#(シーシャープ)は、Microsoft が C を発展させる形で開発したプログラミング言語です。**Windows 上で動作するアプリを制作する際や、「Unity」というゲーム開発環境で使用できる言語**の１つです。

● C# のメリット・デメリット

C# を学ぶ最大のメリットは「**昨今話題の VR (Virtual Reality) などを含む、3D ゲームを制作できるようになる**」ことでしょう。Unity には 3D ゲーム用のライブラリ[*1]が多数用意されているので、深い知識がなくても、ゲームを作りながらプログラミングを学ぶことができます。iOS/Android 向けのアプリの開発も可能です。

一方で、**C# はゲーム開発以外では汎用性は低く、その他の利用場面としては、Windows 上で動作するアプリの制作くらいしかありません**。そのため、仕事の幅としての汎用性は低いといわざるをえません。

● C# のメリット・デメリット

メリット	・プログラミングの基礎知識がしっかりと身につく ・Unity を利用すれば、ゲーム制作を通じてプログラミングを学習できる
デメリット	・業務上の汎用性は低い ・学習難易度が高い

上記を踏まえ、次のような人に、最初に学ぶプログラミング言語として C# をお勧めします。

＊1　ライブラリとは、汎用的な処理（複数のプログラムの組み合わせ）を再利用できるような形にひとまとめにしたものです。ライブラリを使うことで、プログラマーは一からプログラムを書く必要がなくなるため、効率良く、性能の高いプログラムを開発することが可能になります。

- Unity でゲーム開発をしたい人
- Windows アプリを開発したい人

Python

Python(パイソン)は、日本ではまだマイナーな言語ですが、海外のメジャーなWebサービスでは広く利用されているとても人気のある言語です。**Googleの3大言語(C++、Java、Python)の1つ**でもあります。**Pythonはデータ解析にも強いため、ビッグデータ解析や人工知能、機械学習などでも利用されています。**

Python のメリット・デメリット

Python を学ぶ最大のメリットは「**ビッグデータ解析や人工知能などの最先端の分野へ進む道が拓ける**」ことだと思います。これらの分野は今後間違いなく発展していくので、Python の需要は確実に上がっていくでしょう。

このように聞くと、とても高度で難しいプログラミング言語のような印象を受ける人も多いと思いますが、実際はその逆で、初心者に最適なプログラミング言語の1つでもあります。米国の大学では、プログラミングの入門クラスで最も多く学ばれているのがPython です。

● Python のメリット・デメリット

メリット	・専門分野(データ解析や人工知能)の分野へ進める ・Java や C と比べると学習難易度が低め
デメリット	・日本ではまだ広く普及していないため、業務上の汎用性は低い

上記を踏まえ、次のような人に、最初に学ぶプログラミング言語として Python をお勧めします。

- 人工知能や機械学習、ビッグデータ解析の分野に興味のある人
- 将来的に海外での活躍も見据えている人

JavaScript

JavaScript(ジャバ スクリプト)は、現在ではほぼすべてのWebサービスに利用されているといっても過言ではないほど広く利用されている人気言語の1つです。以前はWebでの利用が大半を占めていましたが、最近はWeb開発だけでなく、スマホアプリやデスクトップアプリ、ゲーム開発などでも利用されています。そのためもあって、近年急速に人気が高まってきており、先述の**RedMonkのランキングでは1位になっています**(p.235)。

● JavaScriptのメリット・デメリット

JavaScriptを学ぶメリットはたくさんありますが、そのうちの1つに「**開発環境を用意する必要がない**」という点が挙げられます。他の多くのプログラミング言語では、学習をはじめる前に開発環境(その言語で作ったプログラムを動かすための環境)を自身のパソコンに導入することが必要なのですが、この作業が案外難しく、初心者には最初の大きな壁になることがあります。この点において、JavaScriptはこの「開発環境の導入作業」が必要でないため、今すぐにでも学習をはじめることが可能です。

その他にも、JavaScriptの文法は平易であり、ライブラリ(p.240)も充実しているので、**学習の初期段階からいろいろな機能をすぐに実現・実行できるという特徴もあります**。これは初心者にとっては大きなメリットの1つではないでしょうか。

一方のデメリットとしては「**仕事でJavaScriptの知識を活用するにはその関連技術の知識の習得も必要**」という点が挙げられます。現在、Java

Script は Web サービスの中心的な役割を担っている場合が多いため、Web デベロッパーや Web デザイナーとして活躍することを視野に入れると、HTML/CSS などのフロントエンドや PHP/Ruby などのバックエンドの言語の知識も求められることが多いです＊2。

● JavaScript のメリット・デメリット

メリット	・開発環境の導入作業が不要。すぐに学習をはじめられる ・文法が平易で、学習コストが低い ・Web 制作だけでなく、アプリやゲーム開発などでも利用できる
デメリット	・使いこなすには幅広い知識が必要

上記を踏まえ、次のような人に、最初に学ぶプログラミング言語として JavaScript をお勧めします。

- Web デザインや Web 制作に興味のある人
- Web サービスを制作したい人
- 最初は手軽にはじめられるプログラミング言語で学習を開始したい人

memo

Java と JavaScript

先述した Java と JavaScript は名前が似ているので、兄弟・姉妹のような関係にある言語のように見えますが、これらはまったく別の完全に異なる言語です。この点は勘違いしないように注意してください。唯一の共通点は、両言語ともに人気が高く、世界中で多くの人が利用しているという点くらいでしょうか。

＊2　HTML、CSS、PHP、Ruby については後述します。また「フロントエンド」「バックエンド」については p.249 のコラムで説明します。

PHP

PHP（ピーエイチピー）は、Webサービスの開発で広く利用されているプログラミング言語です。「WordPress」というオープンソースのCMS（Contents Management System）で使われていることでも有名です。

● PHPのメリット・デメリット

PHPは非常に多くの会社で利用されているため、仕事として考えた場合には、**国内では最大級の求人数が期待できます**。WordPressの開発案件も多く、フリーランスのエンジニアを目指す人にとっては最適な言語の1つといえます。実際、クラウドソーシング[*3]でのPHP関連の案件も多いです。また、学習するための情報が多い点や開発環境の構築が比較的簡単であることも、初心者にとってはメリットの1つです。

一方で、PHPはその使用範囲がWebに限定されているため、汎用性が高いとはいえません。スマートフォンのアプリやゲーム開発などにも興味がある人にとっては選択外になります。

● PHPのメリット・デメリット

メリット	・日本では多くのWebサービスに利用されている ・学習するための情報や環境が充実している ・文法は平易で初心者にとっても使いやすい
デメリット	・Webに特化しているため汎用性は高くはない

上記を踏まえ、次のような人に、最初に学ぶプログラミング言語としてPHPをお勧めします。

- Web制作に興味のある人
- 新しいWebサービスを考えている人
- WordPressを利用したサイトやブログを制作したい人

＊3　クラウドソーシングとは、インターネット上で不特定多数の人に向けて仕事を発注し、その仕事内容を見た人がその案件に応募することで仕事の受発注を行うプロセスです。

Ruby (Ruby on Rails)

Ruby(ルビィ)は、まつもとゆきひろ氏が「**ストレスなくプログラミングを楽しむこと**」を目的に作った国産のプログラミング言語です。「**Ruby on Rails**」というフレームワークがアメリカのシリコンバレーで広まったことによって、近年国内でも人気が高まりつつあります。そのため、Ruby を学ぶ際には Ruby on Rails のフレームワークとセットで学習することがお勧めです。

● Ruby (Ruby on Rails) のメリット・デメリット

Ruby と Ruby on Rails の両方をセットで学ぶことを前提にすると、学習者のメリットとして「**少ないプログラムで簡単に Web システムを開発できる**」という点が挙げられます。他の言語と比べて、開発効率が良いのもメリットの1つです。

一方で、Ruby (プログラミング言語) だけでなく、Ruby on Rails (フレームワーク) についても同時進行で学習を進めなければならないので、覚えなければいけないことが多くなります。そのため、学習コストはやや高めといえます。

● Ruby (Ruby on Rails) のメリット・デメリット

メリット	・元々国産のプログラミング言語ということもあり、日本語での学習環境や情報が豊富 ・比較的少ないコードで多くの機能を実現できる
デメリット	・基本的に Ruby on Rails (フレームワーク) とセットで学習を進めなければならないため、学習難易度はやや高い

上記を踏まえ、次のような人に、最初に学ぶプログラミング言語として Ruby (Ruby on Rails) をお勧めします。

- 起業を考えている人
- ベンチャー企業への就職を考えている人

[POINT] **フレームワークとは**

フレームワークとは「**共通した考え方や問題解決の手法などの枠組み**」です。プログラミングに関していえば、「さまざまなシステム開発を効率化するための機能群」ということもできます。開発者全員が同一の考え方や問題解決の手法を利用すれば、効率良く作業を進めることができます。

Ruby on Railsには、機能群だけではなく、ソフトウェアの骨組みまで用意されているため、少ないコードでさまざまな機能やデザインを実現できます。つまり、すべての人がゼロからコードを書くのではなく、すでに用意されているものを組み合わせたり、カスタマイズしたりして、必要な機能を実現しているのです。なお、Ruby on Railsに限らず、フレームワークはすべての言語に存在するので、興味のある言語のフレームワークを調べてみると良いでしょう。前章で他人が作ったプログラムをカスタマイズする方法を解説しましたが、これと似たようなことが実際の開発現場でも行われているイメージです。

なお、フレームワーク自体は、IT業界に限った考え方ではありません。一般のビジネスシーンで使われている有名なフレームワークには「**MECE4P**」や「**SWOT分析**」「**3C分析**」などがあります。

Objective-CとSwift

Objective-C（オブジェクティブ・シー）は1983年頃に登場したプログラミング言語であり、2014年より以前は**iPhoneアプリやMac OS X向けのアプリの開発言語として人気を博した言語**です。当時はiPhoneアプリを制作するにはObjective-Cを習得する必要があったため、世界中の多くのエンジニアがこの言語を学んでいました。そのため、現在でもいくつかの人気ランキングに入っています。

しかし、2014年にApple社はiPhoneアプリやmacOS（旧Mac OS X）向けの開発言語としてまったく新しいプログラミング言語を発表しました。それが「**Swift**（スウィフト）」です。Swiftは、言語としての歴史が他の言語と比べて圧倒的に短いため、先述のランキングではまだ下位に入る程度ですが、**2016年にはオープンソース化されるなど、注目度が年々高まっている言語の1つでもあります**。

ですから、これから学習をはじめる人にはObjective-Cよりも、Swiftを強くお勧めします。

● Swiftのメリット・デメリット

メリット	・新しい言語であるため、文法がシンプルでわかりやすい
デメリット	・Apple社が作ったプログラミング言語だけあって、現時点では、Windowsでは勉強しづらい ・歴史の浅い言語なので、他の言語と比べ、学習用の情報が少ない（ただし、これはあくまでも他の言語との比較であって、現在でも十分な教本やガイドなどはある）

上記を踏まえ、次のような人に、最初に学ぶプログラミング言語としてSwiftをお勧めします。

- iPhoneやiPad向けのアプリを制作したい人
- macOS向けのアプリを制作したい人
- Macを持っている人

Visual Basic .NET

VisualBasic（ヴィジュアル・ベーシック） .NET（ドットネット）は、Microsoftが開発したプログラミング言語であり、Windows上で利用するソフトウェアやアプリ開発用のプログラミング言語です。**初心者でも扱いやすい言語であるため、IT教育の教材としても利用されています**。ただし、Windows以外の環境では利用できない汎用性の低い言語です。

● Visual Basic .NETのメリット・デメリット

メリット	・習得が容易 ・VBAなどへの応用が可能
デメリット	・Windowsでしか利用できないため、他言語を学ぶ際の基礎力にはつながらない可能性が高い

CSS

CSS（シーエスエス）は、厳密にはプログラミング言語ではありません。ページを装飾するための**スタイルシート言語**です。細かい話をしはじめると長くなってしまうので簡単な説明に留めますが、CSSは、**HTML**（エイチティーエムエル）**と呼ばれるマークアップ言語**で構造化された文字情報や画像情報などに対して、サイズや配置場所、背景色などのデザイン要素を定義するために利用する言語です。

HTML/CSSはWebサイト制作に欠かせない言語であり、Webデザインや Web制作に興味のある人にとっては両方とも必修の言語です。残念ながら両方とも「プログラミング言語」ではないため、本書では詳しくは解説していませんが、JavaScriptと併せて「**Web制作の三大重要言語**」といっても過言ではありません。それほどまでに重要であり、また需要の高い言語です。

R

R（アール）（日本では「R言語」と表記されることが多い）は、これまでに紹介してきたような開発向けの言語ではなく、**統計解析専用の言語**です。データ分析や統計解析の世界では広く使われています。経済学や統計学を勉強している人は利用する機会があると思います。

なお、Rを理解したからといって統計解析ができるようになるわけではありません。Rはあくまでもツールです。Rを使いこなし、何らかの意味のある結果を得るためには、統計学の知識が必要です。

COLUMN

フロントエンドとバックエンド

フロントエンドや**バックエンド**という用語は主に Web サービスを開発したり、利用したりする際に登場します。フロントエンドのことを「**クライアントサイド**」、バックエンドのことを「**サーバーサイド**」などという場合もあります。

簡単にいうと、フロントエンドとは、Web サービスの利用者側（通常はブラウザやスマートフォン）を指し、バックエンドとは、Web サービスを実現しているシステム側を指します。

1つの例として、ある EC サイトを考えてみます。利用者はインターネットに接続してブラウザを開き、その EC サイトを表示して買い物をします。この一連の流れの中で生じる処理の多くは、実際はバックエンド側で実行されています。商品の検索も、購入決済処理も、ログイン処理もすべてバックエンド側で処理されています。フロントエンド側には、それらの処理の結果が表示されているだけです。現在の Web サービスや Web システムの多くはこのような仕組みになっています。

● フロントエンドとバックエンド

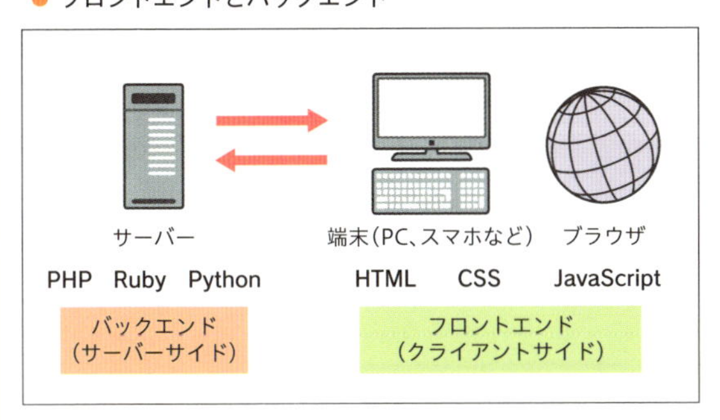

上図を見るとわかるとおり、本書で紹介したプログラミング言語をこのシステムに当てはめてみると、JavaScript や HTML/CSS はフロントエンド側で利用されることの多い言語であり、PHP や Ruby、Python などはバックエンドで利用されることの多い言語といえます。

Chapter 10

Section 05

初心者にお勧めのプログラミング言語

前項で解説したとおり、プログラミング言語の種類によって実現できるシステムやサービスが異なります。そのため、プログラミング言語を学習する目的や目標が明確な人は、その目的や目標を叶えるために最適な言語を選択し、学習を進めてください。より効率的な学習の進め方については次章で解説します。

一方で、どのプログラミング言語から学習をはじめれば良いのか迷っている人や、プログラミングの学習をより効率よく進められるのならば何でも構わないという人には、筆者は「JavaScript」または「Swift」をお勧めします。

Java や C は最初に学ぶ言語としてはハードルが高い

筆者はさまざまなバックグラウンドを持つプログラミング未経験者と話をする機会が多々あるのですが、そのような人に「最初にどの言語から学ぶ予定ですか」と聞いてみると、多くの人が「Java」や「C」と答えます。これらの言語は先述した人気ランキング(p.234)でも常に上位にいる言語ですし、両方とも非常に汎用性が高く、実用的であることは間違いありません。だからこそ、多くの人が習得したいと思っているのでしょう。

しかし、筆者のこれまでの経験から考えると、**Java や C は、はっきりいって最初に学ぶ言語としてはかなりハードルが高い**と思います。すでにコンピュータの知識や経験がある人は別ですが、真の初心者にはあまりお勧めできません。最初にJavaやCを選択してしまったがために、プログラミングに挫折してしまった人を何人も見てきました。それはとても残念なことです。

ですから、JavaやCからはじめなければならない明確な理由がない場合は、ぜひもう少しハードルが低く、つまずきにくい言語で学習をスタートすることをお勧めします。それが「**JavaScript**」や「**Swift**」です。筆者がJavaScriptやSwiftをお勧めする理由は次のとおりです。

● お勧めの言語と理由

言語	お勧めの理由
JavaScript	・初期の学習のハードルが低い ・プログラムの実行環境（開発環境）が不要 ・すぐに実行結果を確認できる ・身近な場所で使われている（みなさんが普段から完成したプログラムに接している） ・学習環境（書籍やネットの情報）が充実している
Swift	・iPhoneやiPadを持っていなくても実行結果を確認できる ・プログラムの実行環境を比較的簡単に導入できる ・身近な場所で使われている（みなさんが普段から完成したプログラムに接している） ・初心者向けのSwift学習アプリがAppleからリリース予定

学習初期は身近なモノで楽しみながら学ぶことが大切

本格的にプログラミングを学びはじめると、実際のところ、**最初に書いたプログラムでいきなりうまくいくことなど滅多にありません**。失敗することが当たり前になります。日々、エラーとの戦いになるといっても過言ではありません。

だからこそ、より身近で、学習した結果を体感できるモノを作ることからはじめてほしいのです。「**この部分をクリアしたら、ゴールに近づけるな**」ということを明確にイメージできるほうが、きっと楽しみながら学習を続けられると思いますし、挫折せずに最後まで高いモチベーションを維持できると思います。

そういった意味でも、**JavaScriptやSwiftは最初に学ぶ本格的なプログラミング言語として適している**と思います。これらの言語はともに身近ですし、またとてもメジャーであるため、書店に行けばたくさんの入門書に出会えます。インターネット上には上質なチュートリアルがたくさんあります。都市部に限定される面もありますが、無料のセミナーや勉強会も頻繁に行われています。ですから、初心者の人でも迷うことなく学習を進めていけると思います。ぜひ検討してみてください。

なお、JavaScriptを学ぶ人は、HTML/CSSのことも頭の片隅においておいてください。**JavaScript、HTML、CSSの3言語は同じ時期に学ぶことでより効率良くWeb制作関連の知識を習得できます**。同時進行で複数の言語の学習を進める必要はありませんが、JavaScriptの学習が一段落したら、ぜひ次はHTML/CSSの学習を検討してください。

Swiftについては注意点があります。Swiftはオープンソースのプログラミング言語であるため、当然、誰でも自由に学習を進めて良いのですが、初心者の場合は**AppleのMacが必需品**であると考えてください。Macがないと学習のハードルが一気に高くなります。ですからWindowsしか持っていない人には、Swiftはお勧めできません。この点は覚えておいてください。

さて、学ぶ言語が決まれば後は前進あるのみです！　効果的な学習方法を次章で詳しく解説してますので、それも参考にしていただきながら、ぜひプログラミング学習を進めてください。つまずくこともあると思いますが、「**継続は力なり**」です。学習の歩みを止めなければ、常に進歩しつづけられます。

Chapter 11

本格的にプログラミングを学ぶための手引き

Final guidance.

Chapter 11

Section

01 プログラミング学習で最も大切なこと

本書でも何度かお伝えしてきたことですが、プログラミングを学ぶうえで、最も大切なことは何をおいても「**実際に手を動かし、自ら考えて開発を体験すること**」と「**楽しむこと**」の2点です。これに勝るものはありません。

プログラミングはスポーツと同じで、ルールを知っているのと、実際に行うことの間に越えることのできない大きな壁があります。ルールを覚えることはもちろん大切ですが、実際にプログラムを書くことが必須です。

「考える」ことの大切さ

そして「自ら考える」ことも大切です。筆者のところに来る生徒さんの中には「**書籍に書いてあるサンプルは作ることができたけれど、いざ自分が作りたいものを作ろうとすると何からはじめて良いかわからなくなる**」という人や、「**書いてあることの意味は理解できるけれど、ゼロから書くことはできない**」という人がとてもたくさんいます。Amazonの書評レビューの中にもこれと似たようなことが散見されます。そして、あたかもその書籍が悪いような言い分の人までいます。

こういった状況に陥る原因の根本は基本的に1つです。それはつまり、**そういった人たちは結局のところ、プログラミングの本質(プログラミングが何であるか)を理解していない**、ということです。

塗り絵を思い出してください。本に掲載されている美しい線画に沿って色を塗っていきます。するとどうでしょうか。とても美しい絵が完成します。しかし、特に何も考えずにいくら塗り絵を繰り返しても、絵そのものが上達することは稀だと思います。でもそれは塗り絵本が悪いわけではありません。

プログラミングの解説書も同じです。書籍に書いてある「一直線に進む正解」を真似て、ただただプログラムを書き写していくだけでは、本質的にプログラミングを理解することはできません。一度はその方法で正解までたどり着くことは大切です。しかし、そこで終わってはいけません。

基本原理を理解した後は、「ここを変えたらどうなるのかな」「このプログラムに機能を1つ追加してみよう」といった形で、**少しずつでも自分で考え、そしてそれを実現していくことが大切です**。

しっかりと理解したうえで、自ら考えながらプログラムを書く、ということを必ず意識しながら学習を進めてください。わからないことがあれば、周りの人やGoogle検索などで調べれば良いのです。答えは必ず見つかります。**Google検索ですばやく必要な情報を手に入れる能力**もすばらしい能力の1つです。プログラミングを学ぶ過程でこの能力も一緒に強化してください。

[POINT] **楽しむことも忘れずに！**

上記でも解説していますが、プログラミングを学ぶ過程において「楽しむこと」は非常に重要です。ぜひ忘れないでください。プログラミング・スキルは一朝一夕で身につくものではありません。継続が大切です。プログラミングを楽しむことができなければ、続けることもできないでしょう。ぜひ楽しみながら学習を進めてください。

Chapter 11

Section

02 本格的なオンライン学習サービス「Codecademy」

第2部ではビジュアル・プログラミング言語が学べる学習サービスをいくつか紹介しましたが、ここからは**本格的なプログラミング言語が学べる学習サービス**をいくつか紹介します。昨今、アメリカを中心に世界中で「プログラミング言語が学べる学習サービス」が急速に発達して注目を集めています。これらには書籍や既存のネット情報にはないさまざまな特徴や仕掛けがあります。中には、ゲーム仕立てになっているものや、本格的な学習ツールもあるので、実際に利用してみることをお勧めします。

［POINT］ **英語力も一緒に身につけよう！**

本格的にプログラミングの学習を進めていくと、どこかのタイミングで必ず「英語の壁」にぶつかります。日本には著作のある優れたエンジニアが多く、また翻訳書も多数出版されているので、他国と比べて、比較的多くの情報を自国語（日本語）で学ぶことができます。

しかし世界的に見れば、プログラミングの世界の公用語はやはり英語です。この点を念頭に、ぜひプログラミングの学習を進めながら、それと同時に英語の学習も進めてください。プログラミング関連・テクノロジー関連の英語はとてもシンプルなものばかりなので、中学英語程度の基礎知識があれば、少しの努力で英語のドキュメントも読めるようになると思います。

Codecademyとは

Codecademyは、さまざまなプログラミング言語を**無料**で学習できる学習サービスです。費用を抑えてプログラミングを学習したい人にはぴったりです。**対応言語は英語のみ**です。現在、世界で2400万人以上のユーザーが利用しており、また、すでにレッスンの完了数が1億回を超えているなど、プログラミング学習サイトの中でもトップクラスの人気を誇っています。

以下のWebサイトにアクセスして［SIGN UP］すると、学習をスタートできます❶。

● Codecademy

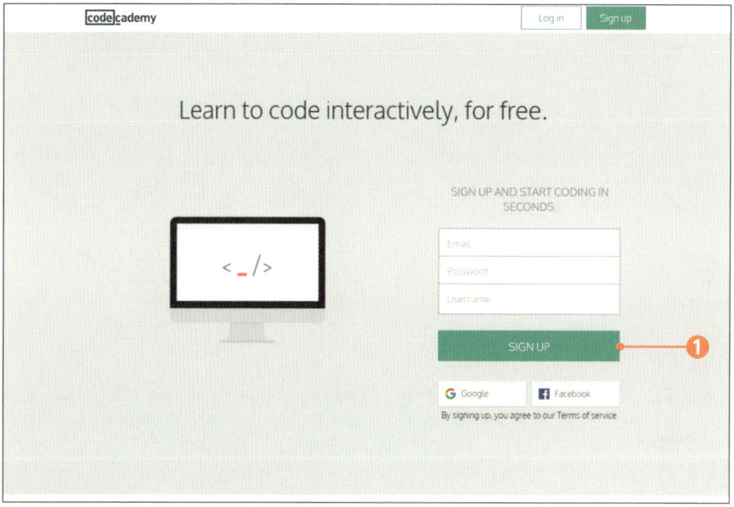

URL https://www.codecademy.com/

Codecademyの魅力

Codecademyにはたくさんの魅力があるのですが、主には次の点が挙げられます。

- すべてのコンテンツを無料で利用できる
- 初心者にとって学びやすいカリキュラムの構成
- パソコン、スマートフォン、iOSアプリで学習できる

Codecademyはきめ細かいステップでプログラミング初心者を上級レベルまで導いてくれます。**学べるプログラミング言語のラインナップも充実している**ため、自分の興味ある言語から学びはじめることができます。Codecademyが学習コンテンツを提供しているプログラミング言語や実践テクニックは次の通りです。

- Java
- HTML
- CSS
- JavaScript
- jQuery
- PHP
- Python
- Ruby
- Ruby on Rails
- Angular JS
- React.js
- API
- Git
- Command Line
- SQL

上記のプログラミング言語や実践テクニックを、パソコンだけでなく、スマートフォンやiOS専用アプリで学習できます。そのため、忙しい日常の中でも少しずつプログラミング学習を進めていくことができます。

Codecademyの学習方法

Codecademyでは、**ステージごとに記されているコメントにしたがって実際にプログラムを入力し、その出力結果を確認していきます**。もしプログラムに誤りがあれば修正方法が指摘されます。完全にクリアするまで次のステージに進むことはできません。このような学習の流れは、実際のプログラミングにも当てはまることなので、ここで１つずつ課題をクリアしていくことはとても大切です。

各ステージは非常にコンパクトに設計されており、通常であれば5分から10分程度でクリアできるようになっています。そのため、時間のない人でも隙間時間で学習を進めることができます。その他にも、初心者が飽きずに学習を進めることができるような仕掛けがいろいろと用意されています。

下図は「Make a Website」というコースのスタート画面です。最初の画面でプロジェクト数や目安の時間などが提示されます❶。学習画面では実際にプログラムを入力し、その結果を見ながらステージをクリアしていきます❷。

● Codecademyの学習スタート画面

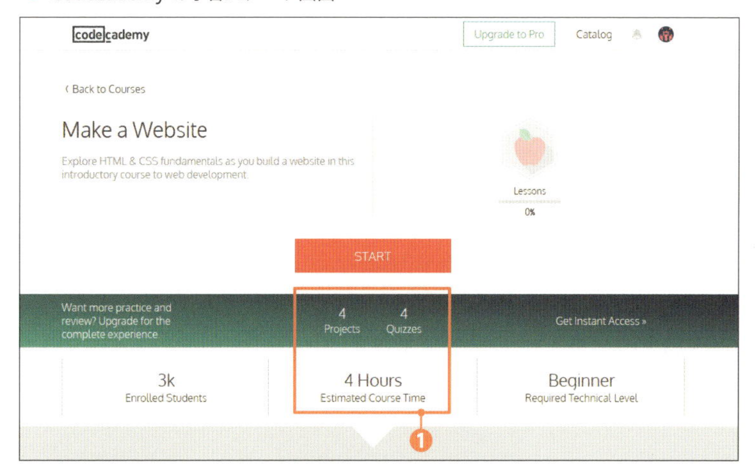

● Codecademyの学習画面

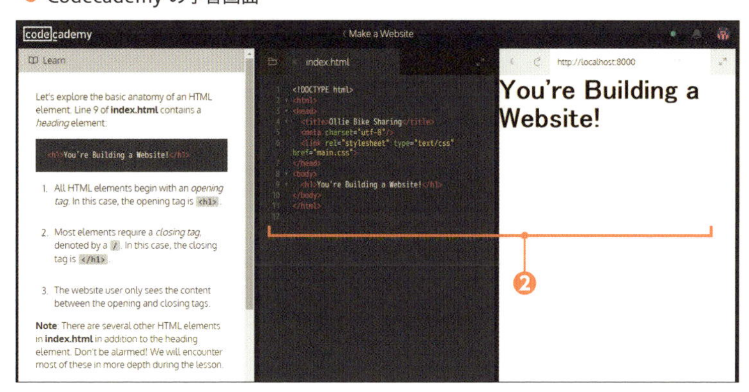

Chapter 11

Section 03

プログラミング学習ゲーム「CodeCombat」

CodeCombatは、ハイクオリティなゲームを通じてプログラミング言語を学ぶことができる学習サービスです。**日本語にも対応しています**。プログラミングの知識がなく、また参考書がなくてもプレイできるように設計されています。まさに「**ゲームを楽しんでいるうちに自然とプログラミングの知識が身につく**」という素敵なサービスです。やればやるほど応用力が身につくように各ステージが設計されているので、ゲーム好きには最高の学習サービスかもしれません。

以下のWebサイトにアクセスして[今すぐプレイ]をクリックすると学習をスタートできます❶。

● CodeCombat

URL https://codecombat.com/

CodeCombatの魅力

CodeCombatのコンセプトは「**一番ステキなプログラミング学習ゲーム**」です。ゲームの中ではコインを集めたり、ゾンビと戦ったりしながら、ステージごとの課題をクリアしてポイントやアイテムを獲得していきます。そうすることで、操っているキャラクターが段々とレベルアップしていき、それに応じてみなさん自身のプログラミング・スキルも向上していきます。このようなさまざまな仕掛けに多くのユーザーがやりがいを感じています。

ちなみに、最初のステージ「キースガードのダンジョン」では、所要時間が1～3時間、学習内容が「**文法、メソッド、パラメータ、文字列、ループ、変数**」となっています❶。

● CodeCombatのステージ選択画面

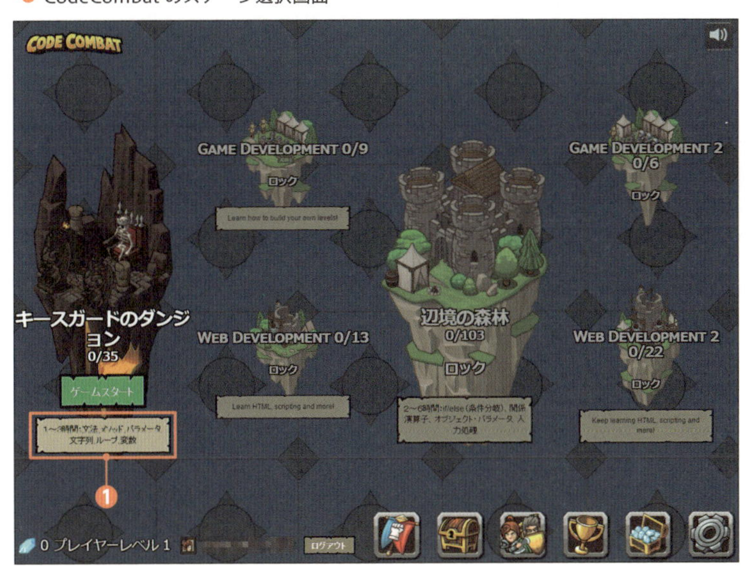

なお、CodeCombatは多くのステージを無料で利用できますが、より本格的に楽しみたい人向けに月額9.99ドルの有償プランも提供してい

ます。無料プランに比べるとステージのボリュームや特典が充実しています。

CodeCombatで習得できるプログラミング言語

CodeCombatで習得できるプログラミング言語は、「Python」「JavaScript」「Coffee Script」「Lua」の4種類です（執筆時点）。ステージをはじめる際に使用するキャラクターの設定とともに、学習するプログラミング言語も選択できます❶。

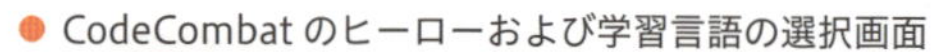
● CodeCombatのヒーローおよび学習言語の選択画面

CodeCombatの学習方法

CodeCombatは、基本的には**一人でステージを進めていく方式のゲーム**です。実際のゲーム中は、キーボードを使ってプログラムを入力しながらゲームの各ステージをクリアしていきます。そのため、画面をパッと見た感じで子どもっぽい印象を受けた人もいるかもしれませんが、実際はかなり充実した内容になっているので、大人でも十分にやりがいがあると思います。むしろ、小学生の低学年には難しいのではないでしょうか。

また、世界中のCodeCombatの利用者たちとスコアを競い合うこともできます。ゲーム好きにはたまらないプログラミング学習環境といえるでしょう。

なお、一見すると難しそうなステージでも、アドバイスや動画を参考にするとクリアできるようになっているなど、サポート体制も充実しています。

● CodeCombatのアドバイス画面（エラー時）

memo

CodeCombatは、ハイクオリティなゲームであるため、パソコンのメモリを多く使用します。公式サイトでは2GB以上のメモリが推奨されていますが、実際には4GB程度ないと画像処理が正しく行われなかったり、途中でゲームが止まったりします。

Chapter 11

Section 04

より高度な学習ゲーム「CodinGame」

CodinGameは、圧倒的なグラフィックとゲーム構成で人気のあるプログラミング・ゲームです。先に紹介した「Codecademy」や「CodeCombat」よりも内容が高度なので、プログラミングの初心者にとっては若干ハードルが高いです。初心者向けというよりは、**すでに何らかのプログラミング言語を習得済みの人向けのサービス**といったほうが適切かもしれません。最初に出題される「最も簡単なテスト問題」から、条件分岐やループなどの知識が求められます。本書の読者のみなさんにおいては、これまでに紹介してきた各種サービスや学習方法をある程度進めた後でこのゲームに取り組むと良いかもしれません。

以下のWebサイトにアクセスして、[START]ボタンをクリックすると学習をはじめられます❶。

● CodinGame

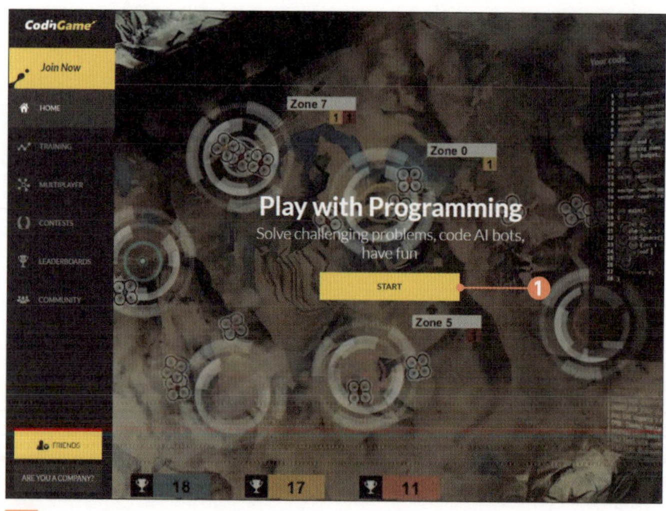

URL https://www.codingame.com/

25種類もの言語を学べる

当然、内容が高度であることにはメリットもあります。ある程度プログラミングの知識がある人にとっては、これほど面白くてやりがいのある学習ゲームは他にありません。

また、学習できる言語の種類も多く、C#やJava、JavaScript、Swiftといった定番の言語だけでなく、DartやScalaなど、合計25種類もの言語を学習できます❷(執筆時点)。

● CodinGameでは25種類もの言語を学べる

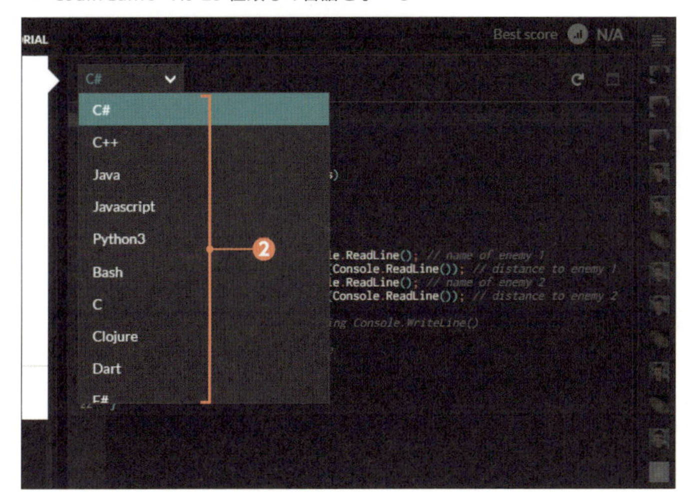

CodinGameの学習方法

ゲームステージは難易度ごとに5段階に分かれており、初級から徐々にレベルアップして最高難度のゲームに挑戦していきます。プレイしはじめると時間を忘れてしまうほど凝ったゲーム内容となっているので、中毒にならないように気をつけてください。

CodinGameの画面は一見すると複雑に見えますが、はじめてゲームを利用するユーザーに対しては、最初に1つずつ手順解説(英語)が表示されるので、使い方に迷うことはありません❸。

また、ステージごとにアドバイスも記載されます。それを頼りに問題を解いていきます。フォーラムを利用して他のプレイヤーに相談することもできます。

● CodinGame の手順解説

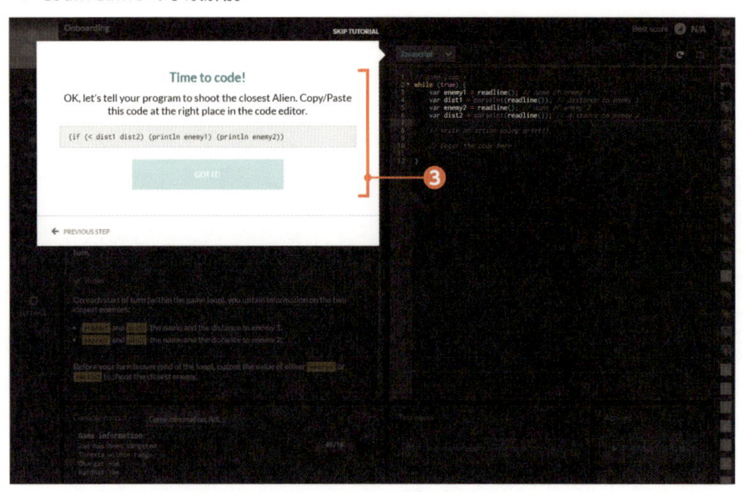

なお、CodinGame では、定期的に大会が開催されていて、ランキングの上位に入賞すると賞品やスポンサー企業からのオファーがもらえることもあります。

CodinGame はマインド・スポーツ

CodinGame は、プログラミングを試行錯誤する「**マインド・スポーツ**」の一種になります。与えられた課題をあらゆる方面から考えて、最良の結果を導き出すトレーニング材料として使われています。

サイトの運営は、スポンサーからの出資とプログラマー紹介業を元にプログラミング・ゲームの開発・運営を行っています。

ゲーム方式はいたってシンプルで、「**シングル（一人で遊ぶ）**」か「**マルチ**

(複数で遊ぶ)」を選択し、後はステージを選ぶだけでゲーム開始となります。シングルで腕を磨いて、マルチで腕を試すという楽しみ方もあります。

ゲームの課題を理解した後は、コードを入力して、ゲームスタートです。入力したコードが正しければゲームクリアですし、間違っていれば再検討する必要があります。

なお、**ゲームをクリアしたとしても、入力したコードが斬新でなければ、CodinGame から高い評価をもらうことはできません**。ある程度のプログラミング力はあるけど、無駄な記述が多くなる人や問題解決のためのアイディアが思い浮かばない人にはこうしたコード評価は有り難いサービスだと思います。

ユーザー数は世界で 10 万以上に上り、日本人のプログラマーも多数参加しています。

● CodinGame のユーザー管理画面

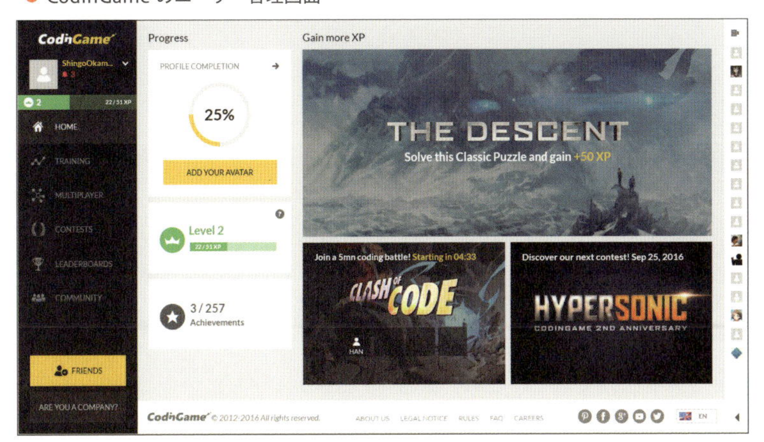

Section
05 「教えてもらうこと」の大切さ

本書の第1章では、初心者のみなさんがこれから「プログラミング」という新しいスキルを習得するための最良の学習の進め方として次の流れをお勧めしました（p.55）。

1．プログラミング学習サービスや教材アプリを利用する
2．ワークショップに参加する／スクールに通う（任意）
3．書籍やネットの情報などで学習する

上記のうち、「1．プログラミング学習サービスや教材アプリを利用する」については、前項までで詳しく解説してきましたので、ここからは「**2．ワークショップに参加する／スクールに通う（任意）**」と「**3．書籍やネットの情報などで学習する**」について解説します。

まずは、「2．ワークショップに参加する／スクールに通う（任意）」です。

「任意」の理由と筆者の考え

この段階の学習方法を「任意」としているのには次の理由があります。

- 有料のものがある（コストをかけたくない人には不向き）
- 開催が都市部に多く、地方に少ないなど、地域格差がある
- 時間コスト、移動コストなど、お金以外のコストもかかる

上記のようないくつかの理由から、ワークショップに参加したり、スクールに通うことが困難な人もいると思います。そのため、あくまでも「任意」としていますが、参加できるのであれば一度でも良いので参加

してみてください。**今ではオンラインのスクールも多数存在するので、自宅に居ながらにして授業を受けることも可能です**。この場合は地理的な問題はなくなります。オンラインスクールの中には質問を受け付けてくれるサービスもあるので、実際に教室で受講するのとほとんど変わらない形で学習を進めることが可能です。

詳しい人から直接学ぶことの大切さ

ワークショップに参加したり、スクールに通うことと、書籍やネットの情報などで学習することの最大の違いは「**直接誰かに習うか否か**」です。

筆者としては自身の経験上、書籍やネットの情報などで独学する前に、習う方法や環境（教室・オンライン）に関わらず、**先生や詳しい人に直接教えてもらったり、直接質問できる環境、または周りの誰かに相談できる環境**を持つことが、プログラミング・スキルの習得過程においてとても有意義だと考えています（**双方向型の学習スタイル**）。

特に本書の第2部で紹介してきたような「ビジュアル・プログラミング言語」から学習を開始し、その後で本格的なプログラミング言語の習得を目指す人の場合には、**直接習うことの意味は非常に大きい**です。概念や理論（ロジック）を中心に学習を進めるビジュアル・プログラミングと、文法や開発環境に多くの約束事や制限がある本格的なプログラミング言語の間には**ちょっとした壁**があります。

この壁は、実はそれほど大きな壁ではないのですが、**初心者の独学では壁の大きさがわかりづらいために、自力では解決できなくなり、つまずいてしまう人が本当に多数います**。この部分を、先生なり、詳しい人に教えてもらいながら乗り越えることができれば、その後の学習が段違いにスムーズになります。

初心者がつまずくポイントの中には「単純に知識が足りない」といった根本的なものもありますが、「**単純な書き間違い**」や「**環境設定がうまくいっていない**」などのケアレスミスもあります。こういったケアレスミスは、経験者からすれば「よくあるミス」の１つでしかないため、すぐに解決できるのですが、初心者ではなかなか解決の糸口を見つけられません。このような「**プログラミングの勘所**」は、教えてもらうに越したことはありません。直接質問できる人がいれば、学習の初期段階で「**なるほど、本格的なプログラミング言語とはこういうことね**」と、納得できるのです。これが非常に大切です。独学では１週間かかっても解決できないことが、たった数秒で解決することも多々あります。これが「**直接誰かに習う**」ことの最大のメリットです。

基本を身につけた後なら、何らかの問題が生じても自力で解決の糸口を見つけることができます。Google検索のキーワードもうまく設定できるでしょう。

主なワークショップ、キャンプ、スクール

ワークショップやキャンプ、スクールでは、限られた一定時間内で成果物（アプリやプログラムなど）を作成するため、初心者にとってはとても良い経験になります。また、**習熟度が同程度の人と交流することも、勉強もモチベーションを維持するうえでは効果的**です。

以下に主なものをいくつか紹介しますが、これら以外にも実に多くのワークショップやキャンプ、スクールが日々全国各地で行われていますので、ぜひご自身で探してみてください。オンラインスクールについては次節で紹介します（p.274）。

● CA Tech Kids

CA Tech Kidsは、サイバーエージェントの子会社が運営する小学生

を対象としたプログラミングスクールです。サイバーエージェントの藤田晋社長自身もかなり力をいれて取り組んでいる事業です。参加している子どももさることながら、ご両親もとても熱心です。

● CA Tech Kids

URL http://techkidscamp.jp/

● Life is Tech

Life is Techは、中学生・高校生を対象とした、キャンプ形式のプログラミング学習や体験セミナー、オンライン学習などを提供している企業です。

Life if Techに参加した学生が制作したアプリがApp Store（iPhone向けのアプリ販売サイト）で販売されるなど、教育レベルも高く、またかなり活気のある取り組みをしている企業の1つです。すでに15,000人以上の中高生が参加しているそうです。

● Life is Tech

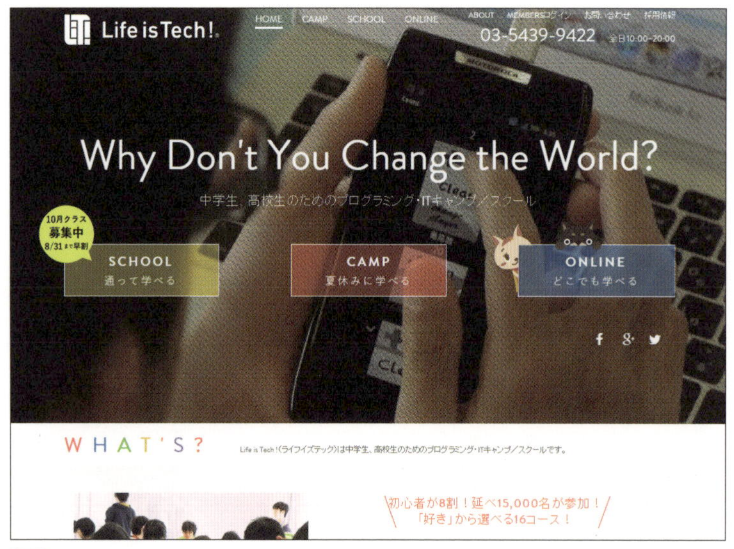

URL https://life-is-tech.com/

大人向けの勉強会

大人向けのプログラミングのイベントや勉強会はほぼ毎日、さまざまなところで頻繁に行われています。内容も超初心者向けのものから、比較的高度な内容のものまで多数あり、無料のものも有料のものもあります。

ここでは勉強会のポータルサイト（どのような勉強会が開催されているのかがまとまっているサイト）を紹介します。サイトを見て、興味のあるイベントがあったらぜひ一度参加してみてください。

● ATND

ATNDは、リクルートが運営する、イベント運営者と参加者のためのイベント作成サービスです。人気のIT勉強会がたくさん載っているのが特徴です。イベントの詳細画面ではイベントの開催場所や参加料金などを確認できます。

● ATND

URL https://atnd.org/

● dots.

dots.(ドッツ)は、さまざまなイベント、勉強会、講演会 交流会、カンファレンス、セミナーの情報が集まったイベント情報サイトです。「言語」「カテゴリー」「エリア」「スケジュール」から、興味のあるイベントを簡単に探すことができます。

● dots.

URL https://eventdots.jp/

オンラインスクール

現在では、プログラミングを教えてくれるオンラインスクールも多数あります。オンラインスクールであれば、地理的な問題は解決できます。一口に「オンラインスクール」といった場合でも、それぞれに特徴があり、指導方針やサービスなども異なるので、受講する場合は事前にしっかりと内容を把握してから申し込んでください。

ここでは主なものをいくつか紹介します。

● TechAcademy

TechAcademyは、Web制作、スマートフォンアプリ開発、ゲーム制作を中心に教えているオンラインスクールです。現役のエンジニアが教えてくれる、短期集中型のオンラインキャンプです。無料説明会もあり、また説明会の動画も公開されているので事前に授業内容を確認できます。

● TechAcademy

https://techacademy.jp/

Schoo

Schoo（スクー）は、プログラミングに限らず、IT 関連、デザイン関連、英語、経営など、多彩な講座をオンライン上で公開しているオンラインスクールです。授業には生放送の講義と録画講義の 2 種類があります。生放送の講義では、授業中にチャットなどによって先生に質問することも可能ですが、マンツーマンではないので、先生がその質問に答えてくれるか否かはそのとき次第です。録画講義は 2800 講座以上あります。

● Schoo

URL https://schoo.jp/

CodeCamp

CodeCamp は、経験豊富な現役エンジニアから直接プログラミングを学ぶことのできるマンツーマンのオンラインスクールです。筆者が所属している会社が運営しているサービスですので、どうしても宣伝ぽくなってしまうのですが、提供しているサービスには自信を持っていますので、少しだけお付き合いください。

CodeCampでは、従来のスクール形式では実現ができなかった、個々のペースや理解度に合わせながら「**あなただけのカリキュラム**」を提供することで、一人では続けることが難しいプログラミング学習を、確実に習得できるようサポートしています。プログラム内容も充実しており、プログラミングの基礎を学ぶ「スタンダードコース」から、Webサービスやアプリケーションの開発、エンジニアとしての就職・転職を目指すための「マスターコース」まで、基礎から実務レベルまでさまざまなコースを用意しています。

● CodeCamp

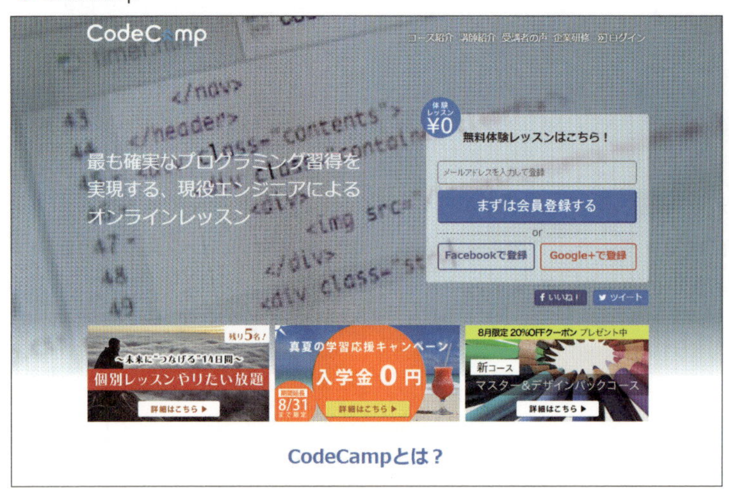

URL https://codecamp.jp/

ぜひ自分好みのワークショップやキャンプ、スクールに参加して、いろいろと知識の幅を広げてください。この体験は学習の初期段階であればあるほど効果的です。どのような科目にもいえることですが、大切なのは何といっても「基礎」です。しっかりとした基礎を身につけてください。そうすれば、習得のスピードは格段に速くなります。

COLUMN

メンターから学ぶことの学習効果

教育心理学者のベンジャミン・ブルームが行ったある研究結果によると、メンター（指導者）から１対１で学ぶ授業（マンツーマン授業）が、教育上のあらゆる科目の習得において最も効果的であることが証明されています。

下図を見てください。この研究では３種類のグループを作り、別々の指導方法を行った際の成績を観察しています。第一のグループは教室での講義形式の学習（Conventional Classroom）、第二のグループも通常の講義形式ではあるものの習得度アプローチ（課題を習得しなければ次には進めないという手法）を使った学習（Mastery Learning）、第三のグループではメンターから１対１の個別指導（1-on-1 Mentorship）を行いました。

各グループ別々に授業を行い、最終試験ではまったく同じものを実施したところ下図のように、成績に大きな違いが出でました。１対１で教われば確かに成績が上がりそうではありますが、ここまでの差が出たことには驚きました。このことからも、マンツーマンのレッスンを短期間でも良いので実際に受講することをお勧めします。

● 学習方法別の習得度の違い

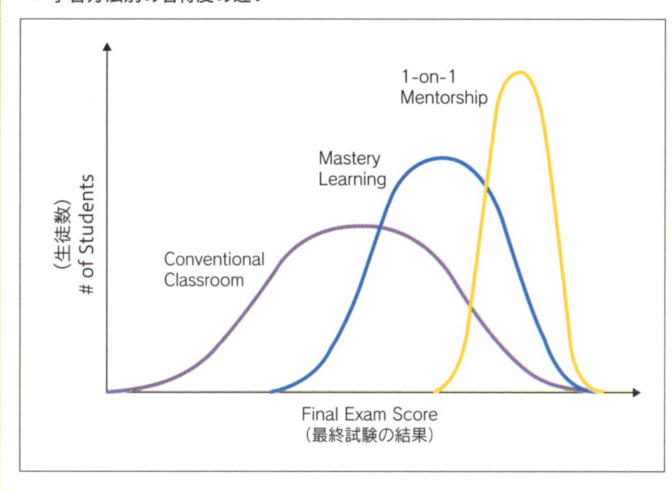

Section
03 独学の進め方

プログラミングの基礎学習も終盤を迎え、基本的なことを理解した後は、いよいよ最終段階の「**3．書籍やネットの情報などで学習する**」段階に入ります。専門書を読んだり、ネットから必要な情報を探し出し、知識を深めることで、より一層プログラミング・スキルを磨いていく段階です。どのような勉強であっても、**最後に行き着く先は「独学」です**。ある程度のスキルを手に入れた後は、あなた専用にカスタマイズされた優秀な家庭教師はもういません。知識をより深めていくためには、自ら学習を進めるしかありません。

そのような場合に役立つのが、書籍やネットの情報です。世の中には情報が溢れていますが、今まさに役に立つ、本当に有用な情報はそれほど多くはありません。学びたい内容に沿って、独学を進めてください。

書籍を使った効果的な独学勉強法

筆者は本書の「はじめに」で次のように述べました。

> 旧来の学習方法（難しく分厚いプログラミング言語の解説書をひたすら読み、後は実践あるのみの独学勉強法）には大反対です。この方法では、コンピュータが余程好きか、ITの才能があるか、または相当の努力家でないと習得する前に挫折すると思います。（p.13）

この考えは、プログラミング経験のない初心者の学習方法に対する意見です。本書をここまで読み進めている読者のみなさんはすでに初心者ではありません。すでに「プログラミング」がどのようなものであるかを理解しており、そしてその基礎を十分に習得していると思います。そのような人たちにとってはプログラミング言語やテクノロジーをテーマにしたさまざまな専門書は、今後の学習を進めていくうえでは必須の、とても頼りになる情報源になります。

書店に行けば、実に多種多様なプログラミング関連書籍が置いてあります。ぜひ近所のできるだけ大きな書店にいって、本棚を眺めてください。きっと、興味の湧く１冊に出会えると思います。

書籍は、最も基本的で手軽な独学勉強法の１つです。**ネットの情報と違い、はじまりと終わりがきちんとあり、必要な情報が整理されてまとまっている点もメリットの１つです**。

なお筆者は、最初の１冊は書店にいって、自分の目で内容を確かめてから購入することをお勧めします。よくわからないから不安になって、ついネット上の不確かな書評（レビュー）を頼りにしてしまうかもしれませんが、ネット上の書評はそれほど信頼のあるものではありません。どのような人かもわからない匿名の人の評価よりも、自分自身の判断に自信を持ってください。

ネットの情報を使った効果的な独学勉強法

最近はネット上にも優れた情報源がたくさんあります。それらを参照することで、プログラミング・スキルをどんどん高めていくことが可能です。

書籍と比べた場合のネット情報の優位点は次のとおりです。

- 無料で手に入る
- 最新の情報が手に入る（古い情報も多く残っているので取捨選択は必要）
- 情報量が多い（特に英語が読めると世界が広がる）

学習対象のプログラミング言語によって情報量などは異なるのです

が、例えばiPhoneアプリ開発に必要な情報は、iPhoneの開発元であるAppleが、開発者向けにかなり丁寧で詳しい情報を無料で公開しています。その一部には日本語訳されているコンテンツもあるので、興味のある人は参照してみてください。

● Appleの開発者向け日本語ドキュメント

URL https://developer.apple.com/jp/documentation/

ここですべてのプログラミング言語に対する情報源を列記することはできませんが、検索すれば一発ですぐに見つけられると思います。学習対象の言語に応じて良質なネットの情報を探し出してください。

社会人になってから勉強し、エンジニアになった成功者たち

現在すでに社会人としてエンジニア以外の仕事に就いている人からすると、「**エンジニアでもない自分が、今からプログラミングを学びはじめても、もう遅いのではないか**」と、どこかで思っているかもしれません。日々の仕事も忙しく、学習に割ける時間もあまりないと思います。それでも筆者は断言します。まだ、遅くはありません。きれいごとではなく、プログラミングを学ぶのに「もう遅い」はありません。これからやってくる、テクノロジーがもたらす不可避な未来を乗り切るためにも、ぜひ少しずつでも構わないので学習を進めてください。

ここでは、いったんは別の仕事に就きながらも、その後、努力の末にエンジニアとして成功した成功者を何名か紹介します。

●「Instagram」の CEO、ケヴィン・システロム

無料の画像共有アプリ「Instagram」の CEO であるケヴィン・システロム氏は、元々はエンジニアではなく、本業はマーケティング業務でした。彼には正式なエンジニアリングのトレーニング経験もありません。彼は昼間のマーケティング業務の傍ら、夜間に独学でプログラミングを学んだといいます。

Instagram といえば、過去に Facebook に 10 億ドルで買収されたことでも有名ですが、今やアクティブユーザー数 5 億人という大人気写真投稿アプリです。そのアプリの制作者がエンジニアではない若者であったことは、これからプログラミングを学んでいく多くの人の良き指標となるのではないでしょうか。

●「Skype」の元CEO、トニー・ベイツ

トニー・ベイツ氏といえば、Skypeの元CEOであり、米通信機器メーカー「シスコ」のゼネラルマネージャーや、YouTubeの取締役会メンバーなど、素晴らしい経歴の持ち主ですが、彼も実は元々はエンジニアではなく、他の仕事をしながらプログラミングを学んだ人の一人です。彼の場合は通勤時間でした。毎日の通勤時間にプログラミングのマニュアルを読み、知識を深めていったといっています。

彼が世界の名だたるIT企業の役員やCEOを経験している所以は、彼がビジネスについてだけでなく、エンジニアリングを理解しようとしていたからかもしれません。

●「GREE」のCEO、田中良和

田中良和氏は「GREE」の創業者です。GREEは今でこそ会員数3500万人超を誇る大企業となっていますが、当初は田中氏個人のサービスとしてはじまったことをご存知でしょうか。

彼は新卒でSo-netに入社した後、当時はまだ社員50人程度のベンチャー企業だった楽天に転職し、そこでプログラミングを一から独学で習得しました。そして、そのノウハウを活かそうと、趣味としてはじめたのがGREEの開発なのです。趣味としてはじめたサービスでも、こんなにも巨大なサービスになることもあるという好例です。

今回紹介した方々は、作りたいサービスを見つけたり、プログラミングの大切さを知ったことをきっかけにして、プログラミングの学習を開始し、最終的に大きな成果につなげた方々です。忙しい日々の隙間時間を活かして勉強を続けた結果だと思います。忙しい社会人の方々がプログラミング学習を続けるのは本当に大変なことですが、もしプログラミングが好きなのであれば、ぜひ学習を続けてください。そうすれば、思いもよらなかった未来が、みなさんを待っているかもしれません。

おわりに

これで本書の解説はすべて終わりました。最後まで本書を読み進めていただき、ありがとうございました。

本書を通じて「プログラミング」を体験してみていかがでしたでしょうか。「思ったり簡単で楽しかった」「もっともっと勉強したい」と思った人がいたならば、この上なく幸せです。本書で紹介してきた「新しい学び方」は、現在、世界中を巻き込んで、日々進化しています。ですから、本書をさらっと一回読んだだけで歩みを止めるのではなく、ぜひ、みなさんのお時間が許す限り、日々少しずつでも良いのでプログラミング・スキルを磨いていってください。「継続は力なり」です。１日３０分でも十分に学習を進められます。また、本書の目的は、本書を読むことでは達成されません。紹介した学習メソッドを実際に体験し、学習を進めることではじめて目標が達成されます。

本書の冒頭でも述べましたが、プログラミング・スキルは近い将来、必ずみなさんの役に立つ、とても有効なスキルの１つになります。テクノロジーの進化はもはや止めることなどできません。みなさんにできることは、日々進化し続けるテクノロジーとどのようにして付き合っていくかを決めることです。使われる側になるのか、使う側になるのか、創る側になるのかは、みなさんの選択次第です。

すでに本格的なプログラミングを習得されている先輩諸氏からは、ビジュアル・プログラミング言語や学習ゲームについて、「こんなのはプログラミングではない！」「ちゃんとしたプログラミング言語を学びなさい」と叱責されるかもしれません。しかし、本書で紹介した多くの学習サービスや教材アプリも立派なプログラミングの１つです。ぜひ「この学び方のほうが効率が良く、効果的である」ということに自信を持ってください。見た目は優しく、まるでゲームのようですが(実際にゲームを通じて学習するものもありましたが)、プログラミングに必要な基礎知識や考え方を手に入れることができます。

本書を読みはじめたときは「プログラミングって何？」というくらいの初心者であった方が、幾日か後に本格的なプログラミング言語を学び、そして新しいシステムを生み出すことを心より願っています！

参考文献・参考資料・出典元

● Introduction

・Hour of Code「President Obama asks America to learn computer science」(https://www.youtube.com/watch?v=6XvmhE1J9PY)
・「スティーブ・ジョブズ 1995 ～失われたインタビュー～」HAPPINET CORPORATION, ASIN:B00GQ56ODU
・Code.org「What Most Schools Don't Teach」(https://www.youtube.com/watch?v=nKIu9yen5nc)

● Part 1

・PwC ／ Global Top 100 Companies by market capitalisation
・「Education Needs a Digital-Age Upgrade」(http://opinionator.blogs.nytimes.com/2011/08/07/education-needs-a-digital-age-upgrade/)
・「デジタル時代の創造的破壊：成長の拡大」(https://www.accenture.com/jp-ja/insight-digital-disruption-growth-multiplier)
・「Uber」(https://www.uber.com/)
・「Airbnb」(https://www.airbnb.jp/)
・「IBM グローバル経営層スタディ」(http://www-935.ibm.com/services/jp/ja/c-suite/)
・The Natural Edge Project:Bain Consulting, Michael Porter (Harvard Business School)
・角川アスキー総研主催のセミナー「なぜプログラミングが必要なのか」
・「第 6 回産業競争力会議」(http://www.kantei.go.jp/jp/singi/keizaisaisei/skkkaigi/dai6/siryou11.pdf)
・Lucélia Ribeiro (https://www.flickr.com/photos/lupuca/8720604364)
・Hour of Code「President Obama asks America to learn computer science」
・The WHITE HOUSE「President Obama on Computer Programming in High School in a Google+ Hangout」(https://www.youtube.com/watch?v=PClfyIbIr5Q)
・「The Effect of Logo Programming Language for Creativity and Problem Solving」
・「CHERP」(https://ase.tufts.edu/DevTech/tangiblek/research/cherp.asp)
・「The Impact of Computer Programming on Sequencing Ability in Early Childhood」(タフツ大学)

● **Part 2**

・「Code.org」(https://code.org/)
・Wikipedia「Code.org」(http://en.wikipedia.org/wiki/Code.org)
・「lightbot」(https://lightbot.com/)
・「Developer Spotlight: Danny Yaroslavski」(http://www.openfl.org/blog/2014/11/07/developer-spotlight-danny-yaroslavski/)
・Wikipedia「Lightbot」(http://en.wikipedia.org/wiki/Lightbot)
・「Linkedin：Danny Yaroslavski」(http://ca.linkedin.com/pub/danny-yaroslavski/43/38b/a70)
・「Scratch」(https://scratch.mit.edu/)
・「LiFELONG KinDERGARTEN の Web サイト」(https://llk.media.mit.edu/mission/)
・「Scratch Wiki」(https://wiki.scratch.mit.edu/wiki/Scratch_Wiki_Home)
・Wikipedia「Scratch（プログラミング言語）」(http://ja.wikipedia.org/wiki/Scratch_(プログラミング言語))
・「Scratchを用いた小学校プログラミング授業の実践：小学生を対象としたプログラミング教育の再考(教育実践研究論文)について」(http://ci.nii.ac.jp/els/110008593393.pdf?id=ART0009717789&type=pdf&lang=jp&host=cinii&order_no=&ppv_type=0&lang_sw=&no=1432713385&cp=)
・「CodeMonkey」(https://www.playcodemonkey.com/)
・「CodeMonkey の公式 Facebook」(https://www.facebook.com/CodeMonkeySTU)
・「CodeMonkey History 101」(http://www.playcodemonkey.com/blog/posts/1-codemonkey-history-101)
・「Swift PlayGrounds」(http://www.apple.com/swift/playgrounds/)
・教育版レゴ「マインドストーム EV3」(https://education.lego.com/ja-jp/learn/middle-school/mindstorms-ev3)
・LEGO 社の「WeDo 2.0」(https://education.lego.com/ja-jp/learn/elementary/wedo-2)
・アーテック社の「ロボティスト」(http://www.artec-kk.co.jp/robotist/downloads.html)
・ワイズインテグレーション社の「ソビーゴ RP1」(http://www.wise-int.co.jp/sovigo/)
・Makeblock 社の「Makeblock」(http://makeblock.com/)
・Robotron 社の「ROBOTAMI」(http://robotami.jp/)
・ソニー・グローバルエデュケーション社の「KOOV」(https://www.koov.io/)
・「諸外国におけるプログラミング教育に関する調査研究(文部科学省平成 26 年度・情報教育指導力向上支援事業)」(http://jouhouka.mext.go.jp/school/pdf/programming_syogaikoku_houkokusyo.pdf)
・The WHITE HOUSE (https://www.whitehouse.gov/)

・「Computing in the national curriculum」(http://www.computingatschool.org.uk/data/uploads/CASPrimaryComputing.pdf)(UKのComputingに関する教育カリキュラム)

● **Part 3**

・DeNA社のニュースリリース(http://dena.com/jp/press/2015/06/09/1/)
・「ビュートローバー」(http://www.vstone.co.jp/products/beauto_rover/)
・「アルゴロジック」(http://home.jeita.or.jp/is/highschool/algo/)

● **Part 4**

・「TIOBE Index for July 2016」(http://www.tiobe.com/tiobe-index/)
・「The RedMonk Programming Language Rankings January 2016」(http://redmonk.com/sogrady/2016/02/19/language-rankings-1-16/)
・「PYPL PopularitY of Programming Language index」(http://pypl.github.io/PYPL.html)
・「Codecademy」(https://www.codecademy.com/)
・「CodeCombat」(https://codecombat.com/)
・「CodinGame」(https://www.codingame.com/)
・「CA Tech Kids」(http://techkidscamp.jp/)
・「Life is Tech」(https://life-is-tech.com/)
・「ATND」(https://atnd.org/)
・「dots.」(https://eventdots.jp/)
・「TechAcademy」(https://techacademy.jp/)
・「Schoo」(https://schoo.jp/)
・「CodeCamp」(https://codecamp.jp/)

著者紹介

米田 昌悟（よねだ しょうご）

コードキャンプ株式会社 取締役 /COO
豪州 Griffith 大学卒業。大手ネット広告代理店の勤務を経て、大前研一氏が代表を務める株式会社ビジネス・ブレークスルーにて日本初の海外 MBA プログラム Bond-BBT MBA の運営 / マーケティング業務に従事。オンライン MBA としては東アジア初となる、世界中でも5%のビジネススクールしか取得できない国際認証 AACSB の取得に貢献。その後株式会社トライブユニブ（現：コードキャンプ株式会社）の創業に参画し、取締役に就任。現在は大手企業の幹部候補向けに研修の企画・実施など、プログラミングをはじめとしたテクノロジー人材育成に務める。またプログラミング初心者を応援するメディア「Code 部」の立ち上げを行い、世界のプログラミング教育事情から学習方法など、企画全般に携わる。

会社紹介

コードキャンプ株式会社

URL https://codecamp.jp/

経験豊富な現役エンジニアから直接プログラミングを学ぶことのできるオンラインプログラミング学習サービスを運営。従来のスクール形式では実現ができなかった、個々のペースや理解度に合わせながら「あなただけのカリキュラム」を提供することで、一人では続けることが難しいプログラミング学習を、確実に習得できるようサポートしている。プログラム内容も充実しており、プログラミングの基礎を学ぶ「スタンダードコース」から、ウェブサービスやアプリケーションの開発、エンジニアとしての就職・転職を目指すための「マスターコース」まで、基礎から実務レベルまでさまざまなコースを用意。東証一部上場の IT コンサルティング企業であるフューチャー株式会社のグループ企業。

■本書サポートページ

http://isbn.sbcr.jp/83102/
本書をお読みになりましたご感想、ご意見を上記URLからお寄せください。

■注意事項

○本書内の内容の実行については、すべて自己責任のもとでおこなってください。内容の実行により発生したいかなる直接、間接的被害について、著者およびSBクリエイティブ株式会社、製品メーカー、購入した書店、ショップはその責を負いません。

○ 本書の内容に関するお問い合わせに関して、編集部への電話によるお問い合わせはご遠慮ください。

ブックデザイン ……………米倉英弘（細山田デザイン事務所）
本文デザイン・組版 ………クニメディア株式会社
編集 ………………………………岡本晋吾

プログラミング入門講座
――基本と思考法と重要事項がきちんと学べる授業

2016年10月 6日　初版第1刷発行
2016年12月16日　初版第3刷発行

著者 ………………………………米田昌悟
発行者 ……………………………小川 淳
発行所 ……………………………SBクリエイティブ株式会社
〒106-0032　東京都港区六本木2-4-5
TEL 03-5549-1201（営業）
http://www.sbcr.jp
印刷・製本 ………………………株式会社シナノ

落丁本、乱丁本は小社営業部にてお取り替えいたします。定価はカバーに記載されております。

Printed in Japan ISBN 978-4-7973-8310-2